신나는
자연의
정원

대원사

신나는 자연의 정원

첫판 1쇄 인쇄 2005년 9월 30일
첫판 1쇄 발행 2005년 10월 10일

지은이   잉그리트 그라이제네거 · 베르너 카츠만 · 클라우스 피터
옮긴이   김시형

펴낸이   장세우
펴낸곳   (주)대원사
주 소   140-901 서울시 용산구 후암동 358-17
전 화   (02)757-6717(대)
팩시밀리 (02)775-8043
등록번호 등록 제3-191호
홈페이지 www.daewonsa.co.kr

값 8,500원

ISBN 89-369-0993-2 63400
ISBN 89-369-0982-7(세트)

잘못 만들어진 책은 바꾸어 드립니다.

신나는 자연의 정원

지은이 잉그리트 그라이제네거, 베르너 카츠만, 클라우스 피터 | 옮긴이 김시형

대원사

자연은 사람이 손을 대지 않을수록
더욱 풍성하고 아름답게 번성합니다

안녕하세요, 독자 여러분! 저는 이 책을 독일어에서 우리말로 옮긴 번역자예요. 저는 이 책을 옮기면서 많은 생각을 했답니다. 지금껏 살면서 나 아닌 다른 생명을 얼마나 많이 힘들게 하고 또 나도 모르게 해쳐 왔을까 하는 생각을요.

시난 번 우리 집에서 키우는 금잔화 화분 잎에 진드기기 잔뜩 붙어 있는 걸 발견했지요. 깜짝 놀란 저는, 화원에서 살충제를 사다가 잎사귀에 마구 뿌려댔어요. 물론 진드기는 얼마 후 사라졌고 저는 안심했지요. 그리고 개미가 자주 나타나는 방 구석에는 냄새만 맡아봐도 무척 독해 보이는 바퀴벌레 약을 치익치익 뿌렸어요. 하지만 그 다음에 어떻게 되었는지 아세요? 몇 달 뒤 금잔화에는 진드기가 다시 생겼고, 개미는 여전히 방안을 돌아다닌답니다. 이 진드기들과 개미는 앞서 제가 뿌린

약을 이겨낼 강한 힘을 얻었나 봐요. 그래서 아무리 다시 약을 뿌려도 점점 강해진 벌레들을 당해낼 수 없게 됐지요. 그럼 저는 이제 어떻게 해야 할까요?

이번에는 친구네 집 얘기를 해볼께요. 제 친구는 자기 집 옥상에서 방울토마토를 키워요. 이파리에 벌레가 생겨도 마른 헝겊으로 닦아내서 잡고, 그냥 물만 주고 키웠대요. 그러던 어느 날 친구는 빨갛고 작은 열매가 맺혔다며 기쁜 목소리로 전화를 했어요. 저도 그 방울토마토를 먹어봤는데 껍질이 단단하고 윤기가 자르르 흐르는 데다 맛도 달콤하고 참 싱싱했어요.

사람들이 만들어낸 자동차, 공장, 도로, 화학 약품 등은 이제 우리 생활의 큰 부분으로 자리 잡았지요. 하지만 바로 그런 도시 문명과 과학의

발달 때문에 우리의 생명을 떠받들어주는 자연이 나날이 파괴되고 있어요. 공장이나 아파트를 짓기 위해 농사짓는 땅이 좁아지고요, 나무와 풀과 온갖 동물들이 살던 야트막한 동산들도 곳곳에 들어서는 골프장 때문에 점점 주변에서 사라지고 있어요. 그런 시설들은 화학 성분이나 쓰레기, 긱종 농약을 내보내기 때문에 물을 더럽히고, 여러 가지 기계에서 나오는 매연으로 공기를 탁하게 만들어요.

그렇다고 무조건 건물을 짓지 않고 원시인들처럼 살 수는 없어요. 건물을 짓고 기계를 쓰면서도 되도록 자연에 피해를 주지 않는 방법을 생각해내고 식물과 동물들이 마음 놓고 살 수 있게 노력해야 해요. 이를테면 저는 이제부터 살충제 대신 마늘 즙을 내서 진드기가 붙은 잎사귀에 뿌리기로 했어요. 개미가 다니는 곳에는 벌레들이 싫어한다는 은행잎을 놔 두고요. 공장이나 골프장도 아무 곳에나 쓸데없이 많이 짓지 않고, 물과 공기를 더럽히지 않도록 정화 장치를 꼼꼼하게 설치해야 해요. 또 농부들은 논과 밭에 농약을 치는 대신 오리나 우렁이, 무당벌레로 작물을 해치는 벌레를 잡을 수도 있어요. 자연을 해치지 않고 살 수 있는 방법은 끝도 없이 많아요.

여러분도 마찬가지예요. 이 책을 보고 집 마당에 동식물들이 좋아하는 깨끗한 정원을 만들어 보는 거예요. 농약이나 화학 제품은 쓰지 말고 자연에서 구할 수 있는 돌과 풀, 흙으로만 정원을 꾸며보세요. 마당이 없는 사람은 작은 화분에 씨앗을 심어서 직접 싹이 트는 모습을 관찰해 보세요. 연두색 새싹이 흙을 뚫고 올라오는 것을 보면 여러분 마음도 연두색으로 예쁘게 물이 들 거예요.

이 책을 우리말로 옮기면서 저 또한 많은 것을 배웠답니다. 자연은 사람이 손을 대지 않을수록 더욱 풍성하고 아름답게 번성한다는 사실 같은 걸 말예요. 우리도 그 자연의 일부예요. 다른 동물과 식물이 어떻게 살아가는지 잘 관찰해 보고 그것들의 생활을 방해하지 않고 좋은 방식으로 도와주다보면, 사람이 가장 건강하고 깨끗한 환경에서 살 수 있는 방법도 저절로 알게 된답니다. 그러니까 자연을 관찰하고 알아보는 일은 바로 우리가 행복하고 건강하게 사는 지름길이에요. 여러분도 이 책으로 여러 가지를 배우고, 수많은 동식물 친구들과 더불어 사는 재미를 마음껏 누려 보세요. 그리고 혹시 여러분이 물과 흙으로만 키운 방울 토마토가 예쁘게 열리면 저한테도 꼭 알려주세요!

차 례

10

여기서는 더 이상 못살아!

새집 만들기 · 138

생명을 기르는 흙 · 151

농약은 왜 나쁜 걸까?

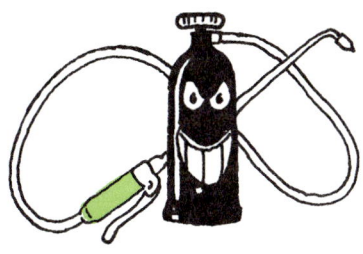

사람한테는 다섯 가지의 감각이 있어요. 듣고, 보고, 피부로 느끼고, 냄새 맡고, 맛볼 수 있지요. 하지만 이 다섯 가지 감각을 모두 동원한다 해도 밥상에 놓인 보리밥, 생선전, 감자 조림에 혹시 해로운 물질이 들어 있는지 정확하게 알아낼 수 없어요. 밥과 반찬뿐만 아니라 점심 뒤에 입가심으로 먹는 맛있는 사과도 마찬가지랍니다.

사과의 비밀

사과 한 알이 과일 가게에 오기 전까지 무려 스무 번이나 화학 약품 처리를 받아요. 사과 껍질에 갈색 얼룩이 생기면 사람들은 흔히 '벌레 먹었다'고 말을 하지요? 사실 사과 한쪽에 조금 얼룩이 들었다고 해서

맛이 떨어지거나 영양소가 없어지는 것은 아니에요. 그저 겉보기만 덜 예쁜 것뿐이지요. 그런데도 사람들은 갈색 흠이 있는 사과는 사려고 하지 않아요. 그래서 농부들이 농약을 뿌리는 거예요.

농약은 병을 예방하거나 벌레를 없애려는 목적으로 뿌리기 때문에 '식물을 보호하기 위한 것'이라고 주장하는 사람들도 있어요. 하지만 농약은 독약이나 다름없어요. 물론 우리가 사과를 살 때는 이 농약이 아주 조금만 남아 있어요. 그렇다고 안전한 것은 아니에요. 사람은 사과 한 알만 먹고 사는 게 아니니까요. 우리가 매일 먹는 밥과 여러 가지 반찬들 그리고 과일, 과자, 빵 등의 간식에 조금씩 농약이 들어 있다고 생각해 보세요. 결코 적은 양이 아니겠죠? 그것들이 천천히 우리 몸 안에 쌓이는 거예요.

게다가 사람의 감각으로는 먹을거리에 남아 있는 화학 약품을 알아볼 수도 냄새를 맡을 수도 없어요. 실험실에서 조사해 봐도 실제 양의 3분의 1만 발견할 수 있대요. 그러니까 한 번 뿌린 농약은 완전히 없어지지 않는다고 생각해야겠죠?

농약의 세계 여행

　아니, 없어지기는커녕 땅속으로 스며들어 지하수 안에 섞이기도 하고, 공기 속으로 증발하기도 해요. 그것도 사용한 장소 근처에만 머물러 있는 게 아니라 바람과 구름을 타고 전세계를 돌아다닌답니다. 그러다가 아무 곳에서나 눈, 비에 섞여 다시 땅으로 내려오는 거지요.

　그래서 사람들이 농사도 안 짓고 식물을 가꾸지도 않는 추운 북극 지방의 북극곰이나 바다표범의 고기에서도 농약 성분이 나오는 거예요. 그뿐인가요. 알프스의 깊은 산속 호수에서 잡은 물고기에는 산 아래쪽에 사는 물고기들보다 천 배나 많은 살충제가 들어 있어요. 그 중에는 사람과 환경에 나쁜 해를 끼치기 때문에 오래 전부터 사용할 수 없도록 정해진 성분들도 포함되어 있대요.

정말 안전할까요?

    디디티(DDT, 농업용 살충제로 쓰이는 농약)를 비롯한 몇 가지 화학 약품은 이제 우리 주변에서 볼 수 없지만, 그래도 조그만 진딧물부터 들 쥐에 이르기까지 '해로운' 생물을 죽이기 위한 화학 전쟁은 아직도 끝나지 않았어요. 나무와 꽃을 파는 큰 가게에 가 보면 수많은 농약이 손님을 기다리고 있어요. 어떤 약품들은 포장에 '친환경 제품'이라고 써 있지만 사실 진짜 친환경 제품이 아닌 것도 많아요. 또 아무리 독성분이 적은 약이라 해도 그런 걸 쓸 때는 무척 조심해야 해요. 어찌 됐든 생물을 죽이거나 약하게 만드는 화학 제품이니까요.

    특히 집에서 취미로 텃밭이나 정원을 가꾸는 사람들은 사용 설명서에 씌어 있는 내용을 대충 보는 일이 많아요. 그래서 어떤 때는 병원으로 실려가기도 해요. 침대에 누워 있는 친구가 보이지요? 이 친구는 집에

있는 딸기밭에 달팽이 잡는 약을 뿌린 뒤, 이튿날 딸기를 따서 먹었어요. 그리고 사흘 뒤에 병이 났어요. 농약에 중독된 거예요. 중독 증세는 이렇게 천천히 나타나기도 한답니다.

더러운 공기

농약만 위험한 것이 아니에요. 세상에는 셀 수 없을 만큼 많은 차들이 다니면서 배기 가스를 뿜어내고 있어요. 이 배기 가스가 채소밭과 과수원뿐만 아니라 우리 주변의 환경까지 더럽히고 있는 거예요. 게다가 자동차 수백만 대의 고무 타이어가 닳으면서 나오는 먼지 속에는 카드뮴, 아연 같은 해로운 중금속이 들어 있어요.

유럽에서는 가로수를 보호하기 위해 짚으로 덮개를 해 놓아요. 겨울에 꽁꽁 언 길을 녹이기 위해 뿌리는 염화칼슘이 가로수에 닿지 않도록 하는 거예요. 그런데 봄이 되면 그 짚 덮개는 자동차에서 나온 오염 물질 때문에 너무 더러워져서 특수 처리를 해서 버려야 한대요. 보통 쓰레기처럼 그냥 버릴 수 없을 정도로 해롭다는 뜻이지요.

더욱 무서운 건 이런 해로운 중금속들이 우리가 먹는 음식에도 들어간다는 거예요. 그 과정을 두 어린이가 그림(21쪽)으로 잘 나타내 주었어요.

자동차 배기 가스에 어떤 나쁜 성분이 들어 있는지 정확하게 알아내는 실험은 매우 복잡하고 까다로워요. 그러나 우리도 간단한 실험을 통해서 몇 가지 증거를 찾을 수 있어요. 어떻게 하냐고요? 자동차 몸체와

배기관이 녹슬었을 때 나오는 철을 가려내 보세요. 그러면 다른 중금속

도 얼마나 많이 나오는지 미루어 짐작할 수 있거든요.

흙 속의 철 성분 조사하기

준비물 막대 자석(학교에서 쓰던 것. 아니면 문방구에서 구할 수 있어요.

끝이 흰색으로 칠해진 것이 철가루가 더 잘 보여요) ·

삽 · 양동이 · 물 · 분무기

이렇게 해 보세요

● 길가에 있는 흙을 한 삽 떠서 물이 담긴 양동이에 넣고 잘 저어 주세요.

● 막대 자석으로 넣고 휘저어 주세요.

● 막대 자석 끝에 철가루가 붙었나요?

● 분무기로 물을 뿌려서 철가루를 흰 그릇에 떨어뜨려 보세요.

● 모은 철가루를 저울(약국에서 쓰는 저울이면 더 좋아요)에 달아서 얼마나

    무게가 나가는지 재 보세요.

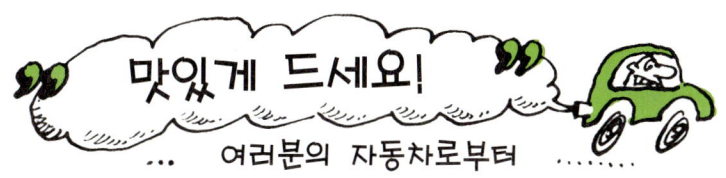

맛있게 드세요!

... 여러분의 자동차로부터 ....

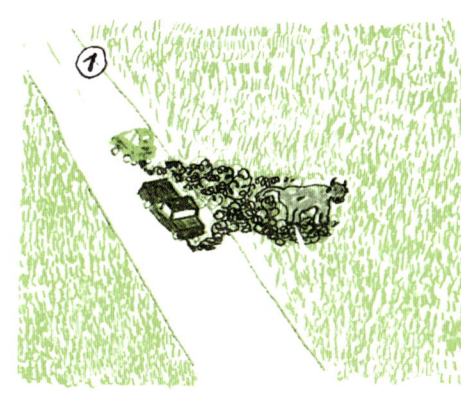

① 자동차 배기 가스 때문에
찻길 옆 풀밭이 오염돼요.

② 소들이 오염된 풀을 먹어요.

③ 독성분이 소의 몸과 뱃속
의 송아지한테 퍼져요.

④ 우리가 먹는 밥상에 오염된
쇠고기와 우유가 올라와요.

유기 농업이 왜 좋을까요?

사람들은 가끔 안 좋은 일을 겪고 나서야 지혜를 얻는 경우가 있어요. 어떤 농부 아저씨는 비닐 하우스에서 마스크가 벗겨졌는데도 그냥 농약을 뿌리다가 병원에 실려 가야 했어요. 딸기밭 달팽이를 죽이려다 병이 난 친구처럼요. 아저씨는 그 뒤로는 농약을 치지 않고 자연의 법칙에 맞춰 식물을 재배하는 방법으로 농사를 짓기로 결심했어요. 이런 농사법을 유기 농법이라고 해요.

유기 농업을 하는 농부나 생태 정원을 가꾸는 사람들은 식물을 키우는 모든 과정이 커다란 생명체의 움직임과 같다고 생각해요. 땅 그리고 거기에 뿌리를 내린 식물, 동물이 다 함께 공통된 운명을 가지고 협력해서 살아가기 때문이지요. 그 중 어느 하나라도 문제가 생기면 생태계는 균형이 깨지게 되거든요.

그래서 땅에 거름을 줄 때도 같은 생명체인 식물이나 동물에서 나온 찌꺼기로 건강한 두엄을 만들어서 주는 거예요. 흙, 햇빛, 물이 힘을 합쳐 식물을 무럭무럭 자라게 하고, 식물은 다시 동물과 사람이 생명을 유지할 수 있는 먹을거리가 되어 주지요. 그래서 환경을 생각하는 사람들은 화학 비료나 농약을 쓰지 않아요. 왜냐하면 '작은 곤충에게 해로운 것은 결국 인간에게도 해로운 것' 이라고 생각하기 때문이지요.

토마토 샐러드 나왔습니다. 해독제를 지금 뿌려 드릴까요, 아니면 나중에 따로 드시겠습니까?

위험 천만, 먹을거리!

자연 농장에서 키운 야채는 큰 기계식 농장에서 생산되는 야채보다 훨씬 튼튼하고 안전해요. 기계식 농장에서는 식물이 땅에 뿌리를 내리는 게 아니라 석면 위에서 자라요. 물, 영양제, 농약 등은 컴퓨터가 다 알아서 파이프를 통해 뿌려요. 이렇게 스스로 할 일이 아무것도 없는 식물들은 면역력이 떨어질 수밖에 없어요. 그래서 병을 예방하려고 자꾸만 더 많은 농약을 뿌리게 되는 거예요.

기계식 농장에서는 석면을 2년에 한 번씩 새 것으로 갈아 주어야 해요. 다 쓴 석면은 농약에 푹 찌들었기 때문에 위험한 쓰레기로 분류해서 버려야 한답니다. 게다가 비닐 하우스에서는 계절에 맞지 않는 야채를 재배하느라 난방과 냉방에 많은 에너지를 쏟아 붓고 있어요. 환경 보호와는 거리가 먼 농사 방법이지요.

있는 그대로 놓아두기

건강한 땅에는 셀 수 없을 정도로 많은 작은 생물들이 살고 있어요. 눈에 보이지 않을 만큼 작은 세균부터 땅속을 돌아다니는 지렁이까지 많은 생명체가 살아요. 그런 땅에서 자라는 식물들은 인공적인 비료와 살충제에 길들여진 식물보다 훨씬 튼튼하고 병에도 잘 걸리지 않아요. 생태 정원을 가꾸는 사람들은 "내 땅에 식물이 잘 자라지 않는다고 해서 농약이나 화학 비료를 주고 싶진 않아요. 그건 내 땅이 그 식물에는 잘 맞지 않는다는 뜻이니까요." 하고 겸손하게 말해요.

언제부터인가 먼 나라에서 온 낯선 나무와 꽃들이 우리나라 산과 들판, 정원에 자리를 잡았어요. 그래서 원래 살던 식물들은 보금자리를 잃고 밀려나고 말았지요. 외국에서 온 식물 때문에 족제비와 뾰족뒤쥐, 나비와 도마뱀 같은 동물들도 살기가 불편해졌어요. 원래 우리 땅에 살던 식물들은 이 땅, 햇빛과 그늘, 강수량에 오랫동안 잘 적응해 왔어요. 그러면서 식물들끼리는 물론이고, 쇠똥구리 같은 작은 곤충에서부터 올빼미 같은 큰 동물에 이르기까지 여러 생물들과 수천 년 동안 생명 공동체를 이루며 살았어요. 서로 도우며 사이좋게 말이에요.

어떻게 서로 도와주냐고요? 그런 경우는 참 많아요. 우리 주변에서 흔히 볼 수 있는 참새와 같이 노래하는 새들 중에는 집 근처 울타리에 둥지를 틀고 사는 경우가 많아요. 동백꽃을 본 적이 있나요? 겨울에 피는 동백꽃은 나비가 나오기에는 너무 추운 때에 꽃이 피어요. 그럴 때 동백나무 숲에 사는 동박새가 꽃가루받이를 해준답니다. 그리고 동박새는 꽃가루와 꿀을 얻어요. 또 박새는 탱자나무 울타리 속에서 벌레를 잡아먹고 살지요. 탱자나무는 날카로운 가시로 박새를 보호해 주어요. 이처럼 식물들과 동물들은 서로 노우면서 살아요.

식물의 꽃, 가지, 뿌리에 해가 되는 곤충이나 벌레를 잡아먹는 이로운 동물도 있어요. 그리고 서로 자라나는 데 끼리끼리 도움을 주는 식물들도 있지요. 셀러리는 꽃양배추와, 당근은 파와 함께 심으면 좋아요. 파에서는 매운 냄새가 나기 때문에 당근 뿌리를 갉아먹는 당근파리의 유충을 쫓아낼 수 있어요. 한편 파 잎을 먹는 파좀나방은 당근 냄새를 싫어해서 가까이 오지 않아요.

거미는 어린 노랑턱
멧새의 먹이가 돼요.

거미가 풀잠자리
애벌레를 잡아먹어요.

굼벵이무족도
마뱀이 어린
노랑턱멧새를
잡아먹어요.

풀잠자리 애벌레가
진딧물을 먹어요.

장미에 붙은
진딧물

굼벵이무족도마뱀
은 말똥가리에게
잡아먹혀요.

　　동물의 세계에서도 공생의 법칙이 있어요. 대표적인 예로 모기의 애
벌레, 즉 장구벌레를 들 수 있지요. 처마에 달린 홈통이나 빗물받이 통
에 사는 장구벌레는 꼬리 끝에 달린 호흡 기관으로 숨을 쉬기 위해 수면
에 바짝 올라와 있어서 관찰하기 쉬워요.

　　모기는 사람의 피를 빨아먹는 해로운 곤충이고 아주 귀찮은 생물이
지요. 하지만 집 주변에 사는 새들과 거미, 연못이나 습지에 사는 개구
리와 두꺼비가 모기를 먹어 치워 준답니다.

　　이처럼 어떤 생물에게는 해로운 동물이 다른 생물에게는 유익하고
필요한 존재가 되기도 해요. 여러 동물과 식물이 서로에게 의지하며 지
내기 때문에 정원 전체가 자연스런 균형을 유지할 수 있는 것이고요. 그
러니까 사람들이 어떤 식으로든 생태계의 먹이 사슬을 방해하는 것은
바람직하지 못한 행동이에요.

26

야생의 정원

"농약을 치지 않은 배에 벌레가 들어 있다면 그냥 집어내면 되지만 배에서 농약을 골라낼 수는 없어." 병훈이는 할아버지가 직접 가꾼 집 마당의 배나무에서 딴 배를 맛있게 먹으며 이렇게 말했어요. 병훈이네 정원에는 나무딸기가 덤불을 이루는가 하면, 오래된 과일 나무가 여러 그루 있어요. 겨울에 마시는 모과차 알지요? 병훈이네 집에는 튼튼한 모과나무가 있어요. 아삭아삭하게 씹히는 사과나무, 가을이면 주홍색으로 예쁘게 익는 감나무도 늠름하게 뻗어 있고요.

병훈이는 허벅지까지 올라오는 꽃밭 사이에 누웠어요. 막 꽃이 피어난 톱풀, 자줏빛 꽃이 달린 광대수염과 나무쑥갓(마거리트), 그리고 이름 모를 들꽃들이 잔뜩 흐드러지게 피어 있어요. 과일 나무 아래에는 푸

27

른색 제비고깔과 한련 그리고 양배추가 자라고 있고요.

　　정원 한쪽에는 작은 연못이 있어요. 야트막한 물가에는 지빠귀와 박새가 날아와 목을 축여요. 해마다 초봄이 되면 병훈이는 이 연못에서 개구리, 도롱뇽, 두꺼비가 낳은 알이랑 올챙이를 자주 관찰했어요. 올챙이들이 자라서 개구리나 두꺼비가 되면 우리 몸을 물어뜯는 성가신 모기와 장구벌레를 긴 혀로 낚아채 잡아먹지요.

여긴 냄새 맡을 게 정말 많아!

생태 정원

☞ 그림 속의 숫자는 관련된 내용이
나오는 이 책의 쪽수를 가리킵니다.

68
113
104
120
57
73

　몇 년 전만 해도 이 곳은 아주 다른 모습이었답니다. 규칙적인 모양
으로 손질해 놓은 측백나무 울타리가 마당을 둘러싸고 있었죠. 정원에
는 짧게 깎은 잔디가 융단처럼 깔려 있고, 한 줄로 나란히 심어 놓은 장
미나무 몇 그루만이 정원을 지켰어요. 일주일에 한 번씩 사람들은 정원
을 돌아다니며 전기 기계로 잔디를 깎았어요. 또 살충제와 화학 비료를
쉭쉭 부지런히 뿌려대기도 했지요. 게다가 잔디에 쭈그리고 앉아 여기
저기 올라온 민들레 새싹을 뽑아냈어요.

　그러다가 병훈이네가 이사를 왔어요. 할아버지와 할머니께서는 재미
없게 생긴 측백나무 대신에 산사나무, 들장미, 명자나무를 비롯한 여러
가지 작은키나무(관목)를 집 주위에 빙 둘러가며 심었어요. 그 덕분에
가을이면 들장미 열매랑 명자나무와 산사나무의 열매를 따게 됐어요.
나무에 달린 열매들은 충분한 햇볕을 받으며 여물어 가요. 왜냐하면 할

아버지와 할머니께서는 한 해에 딱 한 번, 이른봄에만 가지치기를 하시거든요.

집 주변에는 울타리 대신에 회양목이 둘러쳐져 있어요. 회양목은 사시사철 잎이 푸른 작은키나무로 도시의 공원이나 학교 화단에 많이 심어요. 이 나무에서 나는 향기는 사람한테는 아무렇지도 않지만 들쥐한테는 아주 고약하게 느껴진대요. 그래서 이 나무를 심으면 들쥐가 들어와 흙을 파헤치고 식물을 못 쓰게 만드는 걸 막을 수 있어요.

병훈이 할아버지께서는 이렇게 말씀하셨어요. "우리 집 정원은 울긋불긋, 파릇파릇 자연 그대로야. 똑똑한 느림보들이 편안히 쉴 수 있는 낙원이지."

정원을 지금처럼 바꾸기 전에 할아버지와 할머니는 책을 많이 읽고 어떻게 하면 가장 자연스런 공간을 만들 수 있을까 연구하셨대요. 그리고 몇 년이 지난 지금은 정원에 크게 신경을 쓰지 않아도 돼요. 땅과 생물들이 서로 도우며 완벽한 균형을 이루기 때문이지요. 그래서 뭐가 좋아졌냐고요? 철마다 신선한 나물과 채소를 따다가 국과 반찬을 만들어 먹을 수 있고, 여러 가지 열매와 과일로는 차와 술을 담그기도 하세요.

그런데 이웃 사람 중 몇몇은 병훈이네 정원을 보며 '잡초가 우거졌다'느니, '도깨비 숲' 같다느니 말들이 많아요. 병훈이네 식구가 나무 사이에 그물 침대를 걸어 놓고 느긋하게 낮잠을 청하고 있으면 그것을 꼴불견이라고 흉보기도 해요. 그러면서 자기들이 정원을 가꾸는 방식만이 올바른 취미 생활이라고 믿고 있어요.

그렇지만 이웃 사람들이 쓰는 잔디 깎는 기계나 전정 가위(가지치기 할 때 쓰는 가위)는 휘발유나 전기로 움직이는 것이 많아요. 에너지도 많이 소모될 뿐만 아니라 거기서 나오는 유해 가스도 만만치 않답니다. 때로는 배기 가스 정화 장치가 달린 중형 승용차보다 천 배나 많은 유해 물질을 내뿜기도 하지요. 자로 잰 듯이 짧고 반듯한 모양을 만들려고 자꾸 기계를 돌리다 보니 정원은 엄청난 소음에 시달릴 수밖에 없어요. 그 소음을 견디다 못한 동물들은 이미 오래전에 다 달아나 버렸구요.

그렇지만 병훈이네 집은 달라요. 문만 열면 눈앞에 야생의 세계가 펼쳐지지요. 동물원이나 먼 시골에 가지 않아도 정원 곳곳에서 동물들의 재미있는 생활을 마음껏 관찰할 수 있어요.

정원에서 사파리 즐기기

밤이 되면 정원에서는 흥미진진한 일들이 벌어져요. 풀숲에서 꿀꿀, 쩝쩝, 쿵쿵거리는 소리가 나고 누군가 잎사귀를 사정없이 흔들고 다닌다면 바로 고슴도치가 나타났다는 신호예요. 병훈이는 손전등을 켜고 고슴도치를 관찰한 적이 있어요. 고슴도치는 불빛에 놀라거나 달아나지 않고 그냥 편하게 먹이를 먹는답니다. 어떤 때는 달팽이나 쥐며느리를 먹기도 하고 땅에 떨어진 과일을 먹기도 해요. 고슴도치는 뜰의 식물을 괴롭히는 곤충이나 작은 동물을 잡아먹는 최고의 해결사예요. 그것도 공짜로 말이죠.

고슴도치는 애벌레, 지렁이, 딱정벌레, 어린 쥐를 즐겨 먹어요. 또 정원에 죽어 있는 작은 동물도 곧잘 먹기 때문에 깨끗이 청소까지 해 주는 셈이지요. 고슴도치 한 마리가 먹이를 구하는 면적은 1제곱킬로미터 이상이나 돼요. 만약 위험이 느껴지거나 어디선가 낯선 소리가 들리면 고슴도치는 공처럼 몸을 둥글게 말아요. 고슴도치 몸에는 7천 개에서 8천 개에 이르는 뾰족한 가시털이 돋아 있어서 적으로부터 몸을 보호한답니다. 또, 가끔 담쟁이덩굴이나 머루나무를 타고 건물 맨 꼭대기까지 용감하게 올라가기도 해요. 그랬다가 혹시 실수로 떨어진다 해도 가시가 완충 작용(충격을 덜어 주는 역할)을 하기 때문에 크게 다치지 않아요.

고슴도치는 약 1천 5백만 년 전부터 지구에 살아온 포유류예요. 매머드나 사람보다도 먼저 이 땅에 살기 시작했지요. 그런데 지금은 심각한 멸종 위기에 처해 있어요. 해마다 많은 고슴도치가 죽어간답니다. 먹이를 사냥하는 영역이 넓다 보니 여기저기 돌아다니다가 자동차에 치이기도 하고, 사람들 거주지 주변의 풀밭이나 텃밭에서 살충제 같은 농약을 먹고 죽기도 해요.

고슴도치를 잡으려고 뿌린 것은 아니지만, 독하기 때문에 해충뿐 아니라 다른 동물들도 피해를 입는 거예요. 게다가 짧게 깎아 놓은 잔디밭에는 고슴도치가 편안히 몸을 숨기고 쉴 공간이 없어요. 우거진 덤불이나 낙엽 더미, 풀숲이 없으니 보금자리를 만들 수가 없는 거지요. 모양이 다른 풀은 '잡초'라고 생각해 뽑아 버리고 곤충이 전혀 살아갈 수 없도록 깔끔하게 정리된 정원에는 고슴도치가 좋아하는 먹이가 하나도 없어요. 있다 해도 살충제에 중독되어 있기 일쑤이고요.

그러나 자연 그대로 놓아둔 생태 정원은 달라요. 지난 여름 병훈이는

여느 때처럼 정원을 탐험하다가 덤불 울타리 밑에서 고슴도치의 보금
자리를 발견했어요. 거기엔 연분홍 빛깔의 새끼 고슴도치가 세 마리나
있었어요. 병훈이는 어린 고슴도치를 건드리지 않고 곧바로 낙엽과 마
른 나뭇가지로 보금자리를 덮어 주었어요. 원래는 얼마 전에 만들어 놓
은 지팡이 나무를 보러 가려고 했던 참이었는데 우연히 고슴도치 집을
찾아낸 거예요. '지팡이 나무' 가 뭐냐고요?

조금 있으면 병훈이한테는 둥그런 손잡이가 달린 멋진 개암나무 지팡이가 생겨요. 참을성 있게 기다릴 줄 안다면 여러분도 튼튼한 등산용 지팡이를 가질 수 있답니다.

나무로 지팡이 만들기

준비물 금속으로 된 큰 U자형 고리 · 망치 ·
땅과 가장 가까운 곳에 있는 튼튼하고 어린 가지

이렇게 해 보세요
- 땅 가까운 곳에 난 가지를 살살 끌어 내리세요.
- 땅에 바짝 붙었을 때 U자형 고리로 고정시키세요.

조금 있으면 내게도 지팡이가 생길 거야!

식물은 빛을 향해 자라는 성질이 있기 때문에 땅 가까이 끌어내린 가지가 위로 자라날 거예요. 그래서 고리로 눌러 놓은 부분이 저절로 둥글게 휘어지는 거예요. 원하는 길이만큼 가지가 자라면 손잡이가 될 부분을 잘 맞춰서 칼로 잘라내면 돼요. 위의 그림에서 점선이 보이지요? 자, 이제 등산이나 산책을 갈 때는 꼭 이 지팡이를 가져가세요!

들장미

탱자나무

갈매나무

산사나무

아, 짜증나, 이 가시들 때문에 들어갈 수가 없잖아!

덤불 속 땅 가까이에는 굴뚝새가 나뭇가지와 풀잎을 가지고 공 모양의 둥지를 짓기도 해요. 안쪽에는 깃털로 푹신하게 마무리를 하지요. 굴뚝새는 아담하고 통통한 몸에 짧은 꼬리가 위로 한껏 곧추서 있어요. 수컷이 목청껏 노래할 때면 꽤 큰 소리가 울려 퍼져요. 이 새는 덤불 부근을 돌아다니며 먹이를 쪼아 먹어요. 산사나무, 괴불나무 같이 땅 위에 낮게 퍼지는 식물 주변에는 곤충들이 윙윙거리고 꼬물거리며 기어다니게 마련이니까요. 그리고 딱새, 지빠귀, 노랑턱멧새, 방울새도 그런 곤충들을 좋아한답니다.

명자나무의 삐죽삐죽한 가지나 들장미, 산사나무의 가시는 고양이 같은 육식 동물이 함부로 접근할 수 없도록 새들을 보호해 주어요. 몇 그루의 작은키나무으로 만들어진 작은 덤불 속에서 무려 1만 종이 넘는 동물과 식물이 서로 도우며 살아갈 수 있답니다.

덤불로 울타리를 만들 때는 나무의 종류를 늘려 보세요. 다양한 식물이 있어야 동물도 훨씬 다양하고 많이 모여든답니다. 그리고 가지치기는 하지 말고 그냥 두는 것이 좋아요. 원예 가위로 잘라내지 않고 가만히 놔 두어야 들장미, 개암나무, 딱총나무가 마음 놓고 열매를 맺을 수 있어요. 또 열매에서 씨앗이 나오면 다음 해에 새로 새싹이 돋아날 수도 있고요. 붉은 들장미 열매는 새들이 겨울을 나는 데 필요한 맛있는 먹이가 되지요. 우리도 들장미 열매로 빵에 발라먹는 잼을 만들 수 있어요. 갈색 개암은 사람이나 다람쥐가 오도독오도독 씹어 먹고요, 딱총나무의 검붉은 열매는 주스나 잼으로 만들어 먹고 양념으로도 사용해요.

그런데 덤불 울타리에 열린 열매를 먹을 땐 조심해야 해요. 쥐똥나무의 검은 열매와 사철나무의 빨간 열매는 독성이 있으니까 함부로 먹지 마세요. 그래도 다른 열매는 거의 다 맛있는 먹을거리로 쓸 수 있으니까 걱정 마세요. 충충나무과의 한 종류인 산수유나무에도 '산수유' 라는 빨간 열매가 달려요.

쥐똥나무 열매   사철나무 열매

자두와 배 마멀레이드 만들기

준비물 자두 500그램 · 배 800그램 · 설탕 · 물

이렇게 해 보세요

- 씨를 빼낸 자두에 물 0.5리터를 넣고 끓여요.
- 끓인 것을 체에 걸러서 으깨세요.
- 으깬 자두에 125밀리리터(작은 우유팩 하나가 200밀리리터임)의 물을 넣고 끓여요. 또 한 번 체로 걸러 풀어요.
- 배를 네 조각으로 나누어요.
- 250밀리리터의 물을 배에 넣고 끓인 후 이것도 체에 걸러 으깨요.
- 으깬 자두와 배를 섞은 뒤 무게를 재 보세요.
- 과일 무게의 딱 절반만큼만 설탕을 넣고 잘 섞어 냄비에 넣고 걸죽해질 때까지 졸여요.
- 뜨거울 때 유리병에 넣고 뚜껑을 닫아요.

여러분이 직접 정원을 둘러싼 멋진 덤불 울타리를 만들 수도 있어요. 숲에 가서 잘 자란 작은키나무의 가지를 잘라 온 뒤 정원 가장자리에 둘러가며 심어 보세요. 그런 것을 꺾꽂이라고 해요. 시간이 지나면 꺾꽂이한 작은 가지 하나에서 폭이 3미터나 되는 덤불 울타리가 우거지기도 해요. 정말 식물들의 생명력은 대단하지요?

덤불 울타리 만들기

준비물 숲의 가장자리에서 야생으로 사는 층층나무류, 쥐똥나무, 들장미, 사철나무 같은 작은키나무의 가지 · 원예용 가위

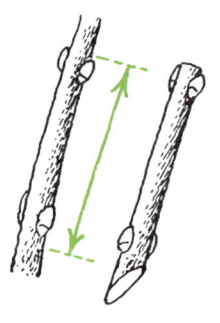 

이렇게 해 보세요

● 연필 굵기 만한 어린 가지를 찾아서 잎눈 아래쪽을 비스듬하게 자르세요. 꺾꽂이하는 계절은 이른 봄이 좋아요.

● 잘라낸 가지의 위쪽 부분 잎눈에서 2밀리미터 위쪽을 가로로 똑바로 자르세요. 여기가 땅 위로 나올 부분이에요. 꺾꽂이 모는 전체 길이가 연필 한 자루 길이만큼 되는 것이 알맞아요.

- 땅에 심기 바로 전에 아래쪽 잎눈에서 1센티미터 내려온 부분을 다시 한 번 비스듬히 자르세요.
- 땅에 구멍을 파고 모래를 조금 넣은 뒤 1미터 간격으로 꺾꽂이 모를 심으세요. 가지 끝이 약 1센티미터쯤 땅 위로 올라오게 심으면 돼요.
- 꺾꽂이 모 여러 개를 심을 때는 일직선으로 심지 말고 구불구불한 S자 모양으로 심는 게 좋아요.

☞ 꺾꽂이 모에서 얼마나 빨리 새 뿌리가 돋는지 관찰하고 싶은 사람은 화분에 심어 보세요.

화분에서 꺾꽂이 하기

준비물

푸크시아, 콜레우스, 아프리카 봉선화 같은 화분 식물(관엽 식물) · 잘 드는 칼 · 물을 채운 유리 그릇 · 흙을 담은 화분 · 투명한 비닐 봉지

이렇게 해 보세요

● 잎이 3개에서 4개쯤 붙어 있는 줄기를 자르세요. 꽃이나 봉오리가 붙어 있는 것은 자르지 마세요.

● 줄기를 자를 때 잎이 상처 입거나 짓눌리지 않게 조심하세요. 잘못하면 다친 부분이 썩기도 하니까요.

● 꺾꽂이 모의 밑동을 한 번 더 칼로 잘라 주세요. 맨 아래 이파리는 떼어내세요. 꺾꽂이한 식물의 뿌리는 잎겨드랑이(식물의 줄기에서 잎이 붙어 있

는 부분의 위쪽)에서 제일 잘 나오거든요. 이제 물에 꽂으세요.

● 비닐봉지에 숭숭 구멍을 뚫어서 유리 그릇 위에 덮어 씌우세요. 구멍을 뚫어야 비닐 안의 공기가 탁해지지 않아요.

● 1주일쯤 지나면 뿌리가 한두 가닥씩 나올 거예요.

● 2주일이 지나면 물에서 키우던 식물을 화분에 옮겨 심을 수 있어요.

● 화분 바닥에 난 구멍에 평평한 돌 조각이나 타일 조각을 올려 놓은 뒤 흙을 넣어 주세요. 그래야 화분에 물을 줄 때 흙이 구멍으로 빠져나가지 않아요.

● 화분 꼭대기에서 4센티미터 내려온 부분까지 흙을 채우세요. 흙은 낙엽이나 과일 껍질 같은 것을 모아 만든 거름과 섞인 것이 더 좋아요.

● 흙이 충분히 젖도록 물을 부어 주세요.

● 꺾꽂이한 식물을 놓고 흙을 더 넣어 화분 맨 위까지 채운 다음 흙 표면을 살짝 눌러 주세요.

● 구멍 뚫은 비닐 봉지를 4~5일 동안 덧씌워 두세요.

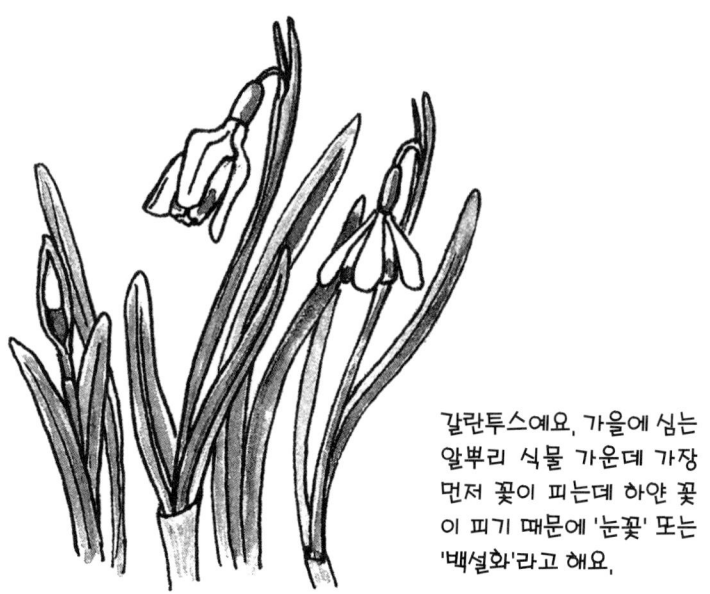

갈란투스예요. 가을에 심는 알뿌리 식물 가운데 가장 먼저 꽃이 피는데 하얀 꽃이 피기 때문에 '눈꽃' 또는 '백설화'라고 해요.

꺾꽂이를 할 때는 식물에서 새로 뿌리나 잎이 날 수 있는 부분을 잘라내 다른 곳에 심어야 해요. 그 부분을 가리켜 꺾꽂이 묘, 혹은 꺾꽂이 모라고 해요.

덤불 울타리 안쪽에는 흰색의 나도바람꽃(종종 바람꽃과 혼동하기도 해요. 나도바람꽃은 바람꽃과 같은 미나리아재비과에 속하지만 바람꽃속은 아니에요)과 노란 미나리아재비꽃, 파란색 제비꽃과 노루귀 그리고 흰색의 갈란투스를 심을 수도 있어요. 이 꽃들은 번식을 잘하는 편이라 몇 포기만 심어 놓아도 몇 해 만에 울긋불긋 융단 같은 꽃밭이 생겨난답니다.

이 꽃들은 알뿌리나 땅속줄기가 있어서 그 속에 양분을 많이 저장하고 있어요. 그래서 잎이 나오기 전인 이른 봄에 꽃을 피울 수 있는 거예요. 꽃송이가 잎에 가려 따뜻한 온기와 빛을 받는 데 방해를 받는 일도 없어요. 어떤 꽃은 눈이 채 녹기 전부터 활짝 꽃을 피우고 새로운 꿀과 꽃가루를 벌에게 제공하지요. 그래서 열매도 더 빨리, 많이 맺을 수 있는 거예요.

요즘엔 꽃이 먼저 나오는 식물을 정원이나 베란다 화분에서는 보기 힘들어요. 사람들이 꽃이 더 크고 화려한 색을 가진 재배종을 더 많이 심기 때문이지요. 하지만 이런 것은 인공으로 만든 것이라 그런지 꿀도 없고, 꽃가루도 없어요. 또 야생종처럼 스스로 번식할 줄도 모르고 계절의 변화에도 능숙하게 대처하지 못해요. 이른 봄에 피는 꽃들이 정원에 없다고요? 여러분들이 직접 알뿌리나 묘목을 사다가 한 번 심어 보세요. 찬바람이 채 가시기 전에 꽃도 보고 곤충들에게 먹을 것도 주고 일석이조 아닐까요?

다람쥐꼬리겨울잠쥐입니다.
약 7개월 동안 겨울잠을 자
고, 곤충이나 작은 동물 그
리고 견과를 먹고 독일 북
부, 러시아, 시베리아 등지
에 삽니다.

작은키나무 수풀 그늘에는 달팽이, 딱정벌레, 두꺼비, 고슴도치가 오
밀조밀 모여 살고 있어요. 뾰족뒤쥐는 날벌레, 거미, 쥐며느리를 먹고
살아요. 고슴도치가 하룻밤에 잡아먹는 곤충의 양은 70그램이나 돼요.
다람쥐꼬리겨울잠쥐와 유럽겨울잠쥐는 고소한 개암, 즙이 달콤한 열매
를 찾아 다녀요.

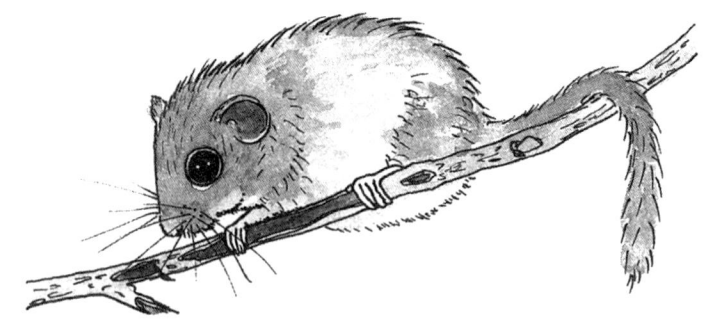

유럽겨울잠쥐예요. 겉모습은 다람쥐와 비슷하며, 꼬리가 길고 끝까지 긴 털로 덮
여 있어요. 유럽과 서아시아에 삽니다.

덤불에는 누가 살까?

준비물 흰 천 · 돋보기

이렇게 해 보세요

● 덤불 아래 흰 천을 펼쳐 놓고 가지를 툭툭 흔들어 보세요.

● 비가 오지 않는 날이 좋아요.

애벌레, 거미, 응애 따위가 천 위로 떨어질 거예요. 짧은 시간이지만 밝은 천 위에서 어떤 곤충이 사는지, 어떻게 생겼는지 관찰할 수 있어요.

　명자나무와 딱총나무의 꽃에는 꿀이 많아서 벌과 파리, 나비가 잘 꼬여요. 날개 달린 곤충들은 이 꽃에서 저 꽃으로 먹이를 구하러 다니는 도중에 저절로 꽃가루받이를 해 준답니다. 그래서 식물이 번식하는 데 큰 도움을 주지요. 그리고 곤충들은 다시 새의 먹이가 돼요.

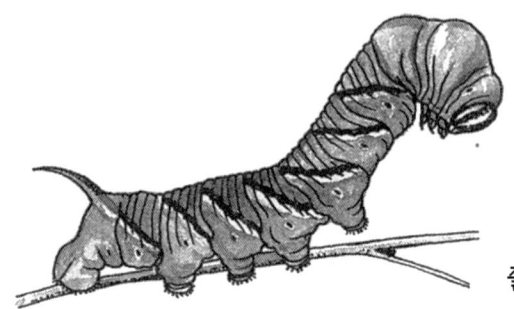

줄홍색박각시의 애벌레

나비는 날개가 돋기 전에는 애벌레 모습으로 살아요. 그리고 방금 말한 것처럼 새를 비롯한 여러 천적들의 눈을 될 수 있는 한 피하기 위해 보호색을 띠는 일이 많아요. 나방의 일종인 줄홍색박각시의 녹색 애벌레는 쥐똥나무 잎을 갉아먹고 사는데, 나무 색깔과 몸 색깔이 비슷해서 새들의 눈에 거의 띄지 않아요. 어떤 애벌레들은 몸에 잔뜩 난 털 때문에 박새, 찌르레기, 방울새에게 잘 먹히지 않아요. 털이 난 애벌레를 먹으면 새들의 위가 상하거든요.

어떤 애벌레는 일부러 아주 화려한 빛깔의 경고색을 띠기도 해요. 새들은 그런 애벌레에 독이 들어 있거나 무척 맛이 없다는 것을 알기 때문에 잘 건드리지 않아요.

나비들은 애벌레였을 때와 마찬가지로 나비가 되고 난 다음에도 덤불 주변에서 살아요. 봄이면 화려한 빛깔의 들신선나비가 과일 나무의 꽃을 즐겨 찾아오고, 나무딸기 꽃에도 산네발나비, 들신선나비, 은줄표범나비가 맛있는 꿀에 이끌려 날아오지요.

나뭇잎 사이에서는 거미가 만들어 놓은 정교한 거미줄을 발견할 수 있어요. 거미줄은 우선 뱃속 실샘에서 액체로 만들어져요. 이 액체를 거미줄돌기(보통 3쌍이며, 실젖이라고도 해요)를 통해서 뿜어내면 공기와 만나면서 굳어져 거미줄이 되는 거예요.

거미는 우선 나뭇가지 사이나 풀잎 사이에 약간 굵은 줄로 테두리를 만들어 놓아요. 그리곤 그 안쪽을 바큇살 모양으로 연결해요. 그 다음엔 맨 가운데에서부터 바깥을 향해, 혹은 반대 방향으로 뱅글뱅글 돌면서 동심원 모양의 그물을 만들어요.

이 줄을 포획사라고 하는데, 끈적거리기 때문에 곤충들이 여기에 걸리면 꼼짝을 못해요(52쪽 그림을 보세요).

거미는 열심히 공을 들여 그물을 짓고 나면 나뭇잎이나 풀잎 뒤에 숨어 먹이가 걸려들기를 기다려요. 이 때 먹잇감이 걸려들면 그물과 연결된 신호 줄을 통해 진동을 느끼고 곧바로 달려들어요. 어떤 거미들은 거미줄 한가운데에 앉아 있다가 먹이가 다가오면 잡아서 독침을 놓기도 해요. 또 잡은 먹이를 끈끈한 실로 둘둘 만 다음 독침을 놓는 거미도 있어요. 독침 때문에 먹이의 단백질이 녹으면 그것을 빨아먹는 거예요.

거미는 유럽울새의 좋은 먹이이기도 해요. 유럽울새는 거미 외에도 애벌레, 지렁이, 쥐며느리, 식물의 씨앗을 잘 먹어요. 자기 영역에 들어오는 침입자가 있으면 수컷이 큰 소리로 경고를 하거나 부리로 쪼아서 쫓아내요. 그러다가 늦겨울인 2월쯤부터는 암컷을 불러들여 짝짓기를 하고, 새끼들을 위한 둥지를 틀지요. 유럽울새는 유독 동족이 자기 영역에 들어왔을 때만 철저하게 쫓아내요. 다른 새의 목에 자기처럼 선명한 붉은색이 있으면 공격하는데, 자신의 먹이 영역을 지키기 위해서예요.

여러분도 실험으로 그 사실을 확인할 수 있어요.

유럽울새의 먹이 영역은 덤불 울타리와 가을이 되어 땅에 떨어진 낙엽 무더기를 비롯해 여러분이 가꾼 정원 전체를 포함해요. 덤불 울타리에 사는 다른 동물들도 자기가 사는 작은키나무 수풀뿐 아니라 그 주변의 넓은 땅에서 먹이를 찾고 우리에게 해가 되는 곤충이나 생물을 잡아먹고 살아요. 그래서 덤불 울타리를 가꾸는 집에는 따로 살충제나 농약을 뿌릴 필요가 없어요.

유럽울새는 로빈이라고 하는데 유럽에서 번식하는 새라서 한국에서는 볼 수 없어요. 본문 95쪽 사진을 보세요.

유럽울새의 먹이 영역 지키기

준비물 얇은 나무 판자나 두꺼운 마분지 · 붉은색 물감과 갈색 물감

붉은색

이렇게 해 보세요

● 유럽울새와 똑같은 모양과 크기로 마분지나
  판자를 잘라내세요.

● 얼굴부터 목과 가슴만 붉은색으로 칠하고,
  머리, 등, 꼬리는 갈색으로 칠히세요.

● 나뭇가지에 고정시킨 다음 약간 떨어진 곳에
  서 조용히 관찰하세요.

● 실험이 끝나면 꼭 가짜 새를 떼어내야 해요.

유럽울새의 수컷이 부리로 가짜 새를 공격할 거예요. 만약 가짜 새에게
붉은색이 없으면 아무리 자기 먹이 영역에 들어와도 신경을 쓰지 않아
요. 하지만 붉은색 깃털을 조금만 뭉쳐 나무에 걸어 놓아도 유럽울새는
금세 알아차리고 달려든답니다.

덤불 울타리 생물들의 먹이 영역

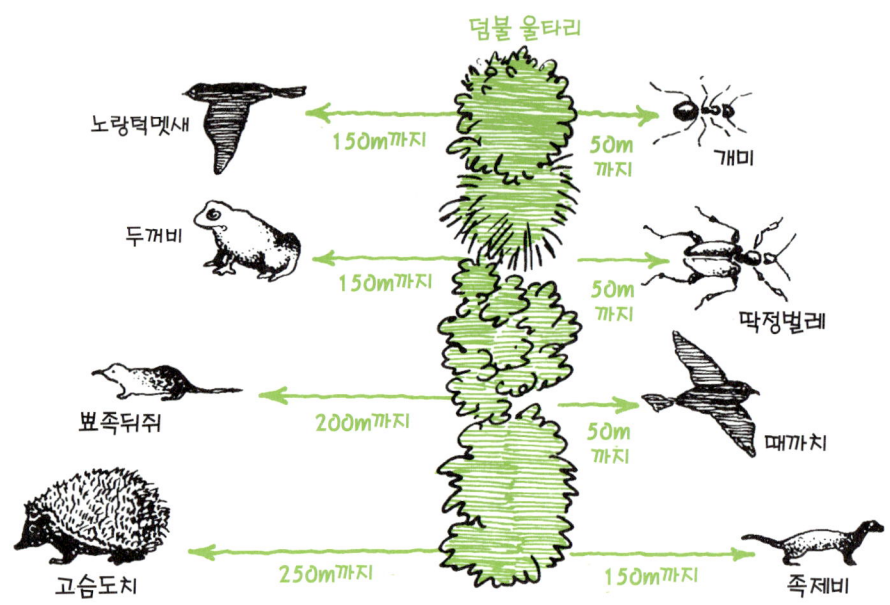

덤불 울타리

노랑턱멧새 ← 150m까지 | 50m까지 → 개미

두꺼비 ← 150m까지 | 50m까지 → 딱정벌레

뾰족뒤쥐 ← 200m까지 | 50m까지 → 때까치

고슴도치 ← 250m까지 | 150m까지 → 족제비

혹시 여러분의 집 정원이나 주변에 작은 연못 같은 것이 있나요? 만약 그렇다면 가장자리에 얕은 물가를 만들어서 고슴도치나 고양이 같은 동물들이 물에 빠졌을 때에도 혼자 힘으로 올라올 수 있게 해 주어야 해요. 특히 수영장 같은 곳은 벽이 수직으로 되어 있어서 동물들이 그 안에 빠지면 다시 올라오기가 힘들어요. 그런 동물들을 위해 무엇을 해 주어야 할지 한 번 알아볼까요?

동물 친구들 도와주기

준비물 기다란 나무판자 · 가로로 턱을 만들 수 있는 각목 · 망치와 못

이렇게 해 보세요

● 수면 위로 올라올 만큼 충분히 긴 나무 판자 위에 적당한 간격으로 각목을 대고 못을 박아 붙이세요. 나무 판자 위에 물이끼가 끼면 미끄러지거든요. 사다리처럼 올라오기 쉽게 해 주는 거죠.

● 완성된 사다리를 수영장 가장자리에 걸친 뒤 잘 고정시키세요.

● 남은 판자 조각을 수영장 물 위에 띄워 놓으세요. 그러면 물에 빠진 동물들이 그것을 구명정으로 사용할 수 있어요. 구명정에서 구조를 기다리는 동물이 보이면 즉시 구해 주어야 해요.

요즘 집 주변에서 보기 드문 동물 가운데 하나가 고슴도치예요. 자연 그대로 꾸민 정원에서만 고슴도치가 마음 놓고 살 수 있거든요. 가을이 깊어지면 고슴도치는 우거진 덤불 속이나 떨어진 나뭇가지 밑에 들어가 겨울잠을 청해요. 그래서 정원에 떨어진 낙엽이나 나뭇가지를 모아 태울 때는 살아 있는 동물이 부근에 없는지 잘 살펴보아야 해요.

겨울잠을 자기 전에 고슴도치는 먹이를 많이 먹어 온몸에 지방을 저장해 두어요. 그렇게 봄이 될 때까지 다섯 달쯤 잠을 자고 나면 보금자리에서 기어나와 활동을 시작하지요. 봄기운이 넘칠 때쯤엔 고슴도치가 좋아하는 먹이들도 하나둘씩 모습을 드러내거든요. 고슴도치는 겨울잠을 자는 동안 몸무게가 무려 3분의 1이나 줄어든다고 해요.

보통 고슴도치 어미는 6월이나 7월에 새끼를 낳아요. 그럼 어린 고슴도치도 가을쯤엔 튼튼해지고 다가오는 겨울을 견뎌낼 수 있어요. 하지만 불운한 사고나 사람들이 뿌린 독약 때문에 새끼가 목숨을 잃으면 어미 고슴도치는 다시 초가을쯤에 새끼를 낳아요. 그런데 두 번째 태어나는 아기 고슴도치들은 너무 허약할 때가 많아요. 야생에서 살아가려면 적어도 몸무게가 700그램이 되어야 하는데 그렇지 못한 경우가 많거든요.

고슴도치는 야생 동물이에요. 그러므로 절대 함부로 잡아서도, 집에서 애완용으로 키워서도 안 돼요. 다만 700그램이 못 되는 어린 고슴도치나 겨울이 다가올 무렵까지 보금자리를 찾지 못하고 방황하는 어른 고슴도치를 발견했을 때는 집으로 데려가 도움을 주어도 돼요.

고슴도치 구출 작전

준비물   부엌에서 쓰는 저울 · 핀셋 · 벼룩 잡는 약(약국에서 팔아요) · 물이 든 플라스틱 그릇 · 헤어 드라이어

이렇게 해 보세요

- 고슴도치의 몸무게를 달아 보세요. 무게가 700그램이 넘고 바깥 날씨가 춥지 않으면 발견한 장소에 다시 데려다 놓아야 해요.
- 몸무게가 적게 나가는 고슴도치라면 얼마간 데리고 있어도 좋아요. 가시털 뿌리 근처에 사는 진드기를 핀셋으로 잡아 주세요(배에 있는 젖꼭지를 벌레라고 생각하고 뽑지 않도록 조심하세요).
- 벼룩 잡는 약을 미지근한 물에 풀고 고슴도치를 조심스럽게 목욕시키세요. 목욕물을 골고루 끼얹어 주세요.
- 수건으로 물기를 닦아 주고 헤어 드라이어로 뜨거운 바람이 나오지 않도록 조심조심 말려 주세요.
- 고슴도치의 배설물을 채취해 동물 병원에서 검사를 받아 보세요. 기생충이 있으면 치료를 받아야 해요. 물론 고슴도치에 붙어 사는 벼룩이나 기생충은 사람에게 피해를 주진 않아요.

따뜻하면서도 건조한 방(보일러실이나 지하실)에 고슴도치가 봄까지 지낼 수 있는 집을 마련해 주세요.

고슴도치의 겨울나기

이렇게 해 보세요

● 고슴도치의 보금자리는 넓이가 적어도 2제곱미터는 넘어야 해요. 그래야 고슴도치가 답답해 하지 않아요.

● 고슴도치는 잘 기어오르기 때문에 울타리 높이는 40센티미터 이상 되어야 해요. 철조망으로 만들면 다칠 수도 있기 때문에 나무 판자로 만드는 게 좋아요.

● 고슴도치가 들어가서 잠을 잘 수 있도록 두꺼운 마분지 상자로 집을 지어 주세요. 가로, 세로, 높이는 각각 25×20×15센티미터가 적당해요.

● 드나드는 입구는 12×12센티미터로 뚫어 주세요.

● 온기가 오래 유지되는(단열) 재질로 잠자는 집 바닥을 깔아 주세요. 나무 판자나 두꺼운 종이도 좋아요. 단, 플라스틱, 비닐, 스티로폼, 대팻밥은 쓰지 마세요. 고슴도치가 갉아먹으면 위험해지거든요.

● 신문지를 구겨서 집안에 채워 넣어 주세요. 고슴도치는 굴 속을 파고 들어가 사는 습관이 있어요. 다만, 깨끗한 환경을 위해 일주일에 한 번씩 신문지를 갈아 주세요.

● 보금자리 전체에 신문지를 깔아 주세요. 그러면 고슴도치가 똥이나 오줌을 누었을 때 쉽게 바닥을 갈아줄 수 있어요.

● 먹이와 물을 따로 따로 그릇에 담아 주고, 늘 깨끗한 것을 먹도록 보살펴 주세요.

어린 고슴도치는 겨울잠을 자지 않으면서 계속 먹으려고만 할 거예요. 일주일에 50그램 이상 살이 찌면 안 되니 주의해야 해요. 뒷다리가 불룩해질 정도로 갑자기 뚱뚱해지면 아주 위험한 거랍니다. 하루 한 번에서 두 번만 모이를 주세요. 밥숟가락에 떠서 약간 봉긋하게 올라올 정도가 적당해요. 고슴도치는 밤에 활동하는 야행성 동물이라 원래는 해가 질 무렵부터 먹이를 구하러 돌아다니지요.

집에서 키울 때는 고슴도치가 좋아하는 애벌레나 지렁이, 곤충, 달팽이를 구할 수 없어요. 그럴 땐 개나 고양이에게 먹이는 곡물 사료 한 줌, 다진 쇠고기 500그램, 칼슘제 한 숟가락을 물에 잘 섞어서 주세요. 며칠 동안 먹일 수 있는 양이니까 냉장고에 넣어 두고 하루에 두 번, 조금씩 꺼내서 먹이면 돼요.

개나 고양이가 먹는 생선 통조림이나 고기 통조림을 다진 쇠고기와 섞은 뒤 물을 조금 넣고 비벼서 먹여도 좋아요. 아니면 애완용품점에서

파는 밀벌레나 떠먹는 요구르트, 삶은 달걀, 바나나 한 조각도 좋은 먹이가 될 수 있어요. 그리고 귀나 피부의 질병을 예방하기 위해 약국에서 파는 비타민 B, C, D가 든 알약을 으깨서 주세요. 대신 애완 동물 가게에서 파는 인공 사료는 자주 주지 않는 것이 좋아요.

고슴도치를 놓아주는 시기는 5월 초순이 알맞아요. 날이 어둑어둑해질 때쯤에 찻길에서 멀리 벗어난 곳으로 데려가세요. 물론 잘 우거진 덤불이나 숲에 놓아주어야겠죠?

좋은 이웃들

자연의 정원에서는 고슴도치도 큰 어려움 없이 살아갈 수 있어요. 저녁이 되어 배가 고파진 고슴도치는 곧바로 양상추를 향해 기어갈지도 모르지요. 거기엔 고슴도치가 좋아하는 달팽이가 붙어 있거든요.

고슴도치처럼 달팽이도 야행성이에요. 석회로 된 단단한 껍질을 짊어진 것도 있고, 껍질이 없는 민달팽이도 있어요. 달팽이들은 식물을 가꾸는 사람들한테 미움을 한 몸에 받아요. 달팽이는 사포같이 까끌까끌한 혀(치설)로 신선한 식물의 이파리를 갉아먹어 버리거든요. 어른들이

음, 맛있겠는걸!

부엌에서 강판으로 무를 갈 듯 말이에요. 달팽이는 때로 썩은 이파리를 먹기도 하지만, 이제 막 돋아나는 부드럽고 여린 새순을 먹어 치우는 걸 좋아해요. 상추, 양배추, 딸기, 콩, 제비고깔, 호박잎 등등. 달팽이는 못 먹는 식물이 거의 없어요!

달팽이의 식성 관찰하기

준비물 달팽이 한 마리 ·
빈 유리병 · 상추 몇 잎 ·
비닐 랩 · 돋보기

실험에 날 써 줘!
난 늘 배가 고프거든.

이렇게 해 보세요
- 달팽이와 상추를 유리병에 넣고 랩에 구멍을 몇 개 뚫은 뒤 병 입구에 판판하게 씌우세요.
- 서늘한 장소에 병을 놓아두고 관찰하세요. 집 안에서 관찰할 때는 불빛에 방해를 받지 않도록 저녁이면 짙은 색 천으로 가려 주세요.

달팽이는 이빨의 구실을 하는 위턱으로 이파리 가장자리부터 갉아내지 요. 그리곤 갉아낸 조각을 혀로 더 잘게 부수어요. 달팽이의 혀에는 키 틴질이 많은 뾰족하고 조그만 이빨이 가로로 늘어서 있어요. 얼마 안 있 으면 상추 잎사귀 여기저기에 구멍이 뚫릴 거예요.

달팽이를 막는 울타리 세우기

준비물 촘촘한 철조망이나 양철 조각 · 펜치 · 작업용 면장갑

이렇게 해 보세요

● 채소밭 둘레의 길이만큼, 높이는 20센티미터가 되게 철조망을 잘라 주세요.

● 채소밭 둘레에 철조망을 박아요.

● 철조망 맨 위는 채소밭 바깥쪽으로 약간 구부려 주세요. 이제 달팽이들이 채소밭 안으로 들어오는 일은 없을 거예요.

63

달팽이가 채소 먹는 것을 막으려면 축축하고 어두운 것을 좋아하는 습성을 이용해 보세요. 채소를 심어 둔 자리 옆에 얇은 나무 판자나 자루를 놓아두세요. 그러면 낮 동안에는 빛을 피해 그 밑으로 숨어들 거예요. 해가 뉘엿뉘엿 넘어갈 때쯤, 달팽이들이 흩어져서 활동을 시작하기 전에 판자를 들추어서 먼 곳에다 한꺼번에 치우면 돼요. 달팽이가 채소를 먹지 못하게 하는 방법은 또 있어요.

정원이나 텃밭을 가꾸는 사람들은 달팽이 때문에 골치를 썩게 마련이에요. 하지만 고슴도치, 반딧불이, 지빠귀가 달팽이를 부지런히 잡아먹어 준다면 걱정 없어요. 야채를 갉아먹는다고 달팽이 잡는 약을 뿌려

서는 절대로 안 돼요. 다른 동물 친구들이 독약이 묻은 달팽이를 먹거나 뿌려 놓은 약에 입만 살짝 갖다 대도 죽을 수 있거든요.

스위스는 작은 나라인데도 달팽이 약 때문에 어린이가 병이 나는 일이 벌써 50차례나 있었대요. 우리도 안심할 수 없어요! 달팽이를 죽이는 독약은 사람의 신경계와 호흡 기관에도 큰 해를 끼치고 마비를 불러와요. 화학 약품뿐만이 아니에요. 식물에서 뽑아내서 만들었다는 '친환경 살충제'도 위험하기는 마찬가지예요. 동물 친구들과 우리 모두의 안전을 생각한다면 살충제는 무조건 쓰지 말아야 해요!

살충제와 같은 농약이 얼마나 자연 환경을 해치는지 알아보려고 실험을 한 적이 있대요. 실험 구역에 살충제를 쳤더니 자그마치 99퍼센트에 이르는 다른 동물들이 덩달아 죽었다고 해요. 꿀벌을 키우는 농민들 말에 따르면 매년 농약 때문에 몇십만 마리의 벌들이 병이 들고, 수천 마리가 죽어간다고 해요. 한국에서도 농약 중독으로 사망하는 농부가 1,200명에 달한다고 하네요. 정말 무서운 일이지요?

그러니까 여러분이 가꾸는 생태 정원에서는 화학 약품을 쓰지 말기로 해요. 눈에 보이지 않는 작은 미생물부터 큰 동물에 이르기까지 자연 속의 모든 생물은 스스로 조절해서 균형을 맞추기 때문이지요.

도와줘, 동물 친구들!
●●●●●●●●●●●●●●●●

땅두꺼비는 어떤 곳이 맘에 들면 한 곳에서 최대 30년이 넘게 살면서 인간에게 도움을 주기도 해요. 몸 길이는 15센티미터쯤 되고, 눈빛은 때에 따라 황금색에서 붉은 구릿빛까지 조금씩 달라지지요. 몸 전체에는 작은 돌기가 많이 돋아 있어요. 두꺼비는 밤에 먹이 사냥을 나가서 달팽이, 애벌레, 곤충, 지렁이를 혀로 쓱 훑어 먹어요.

땅두꺼비

땅두꺼비 알자루

두꺼비는 3월에서 4월쯤에 알을 낳기 위해 물가로 이동을 해요. 해가 바뀌어도 봄이 되면 늘 같은 장소로 돌아가서 알을 낳아요. 병훈이는 어느 날 물이 말라 없어진 숲 속 웅덩이에서 덩어리 모양의 개구리 알주머니와 긴 끈처럼 생긴 두꺼비 알자루를 마당 연못에 옮겨 놓았어요.

날도래

잠자리

물땡땡이

모기애벌레
(장구벌레)

곤충의 알

플랑크톤

잠자리 애벌레

소금쟁이

　2년 전 아빠가 정원에 연못을 만드셨거든요. 아빠는 넓이가 5제곱미터쯤 되게 구덩이를 파고, 그 위에 비닐을 덮은 뒤 모래와 자갈을 깔고 물을 채웠어요. 그리고 물풀도 심었지요. 이 책보다 앞서 나온 『신나는 늪 탐험』을 보면 연못 만드는 법이 자세히 나와 있어요.

　연못을 만들어 두었더니 플랑크톤이 생겼어요. 플랑크톤은 물에 떠다니는 아주 작은 수중 생물이에요. 식물 플랑크톤과 동물 플랑크톤 두 가지로 나뉘지요. 다음에는 소금쟁이와 잠자리가 찾아왔어요. 그리고 얼마 안 가 연못 주변 수풀에는 뾰족뒤쥐, 개구리, 두꺼비가 보금자리를 마련했답니다.

　3주 정도 지나면 병훈이가 가져온 두꺼비 알에서 올챙이가 자라날 거예요. 다시 두세 달 후 올챙이들이 두꺼비로 변해 정원 이곳저곳을 폴짝폴짝 뛰어다니겠죠. 어린 두꺼비들은 잿빛을 띤 붉은색이거나 짙은 갈색일 거예요. 두꺼비는 자기가 사는 주변 환경에 따라 몸 빛깔을 잘

바꾼답니다. 그리고 날씨가 추워지면 덤불 아래 쌓인 낙엽 속이나 두엄 더미에 들어가 겨울잠을 자요.

덤불 아래서 겨우살이를 하는 동물은 또 있어요. 굼벵이무족도마뱀 이라는 파충류인데요, 10월부터 이듬해 3월까지 겨울잠을 잔답니다. 병 훈이는 정원 한쪽에 돌무더기를 성기게 쌓아 놓았어요. 날씨가 따뜻할 때는 그 위에서 굼벵이무족도마뱀이 햇볕을 쬘 수 있고, 너무 더울 때는 안에 들어가 열을 식힐 수 있게 말이죠.

굼벵이 무족도마뱀

굼벵이무족도마뱀은 발이 없어서 꼭 뱀처럼 생겼지만 사실은 도마뱀 종류예요. 갈색이나 회색, 빨간색을 띠고 길이가 30센티미터쯤 돼요. 암컷의 등에는 짙은 색의 가느다란 점선이 있어요. 어린 굼벵이무족도마뱀은 은빛이나 금빛으로 찬란하게 빛이 나고요. 무족도마뱀은 밤이면 슬슬 기어 나와 식물의 잎을 갉아먹는 민달팽이와 애벌레들을 저녁 식사로 먹어 치워요.

그럼, 애써 가꾼 식물을 못 쓰게 만드는 골칫덩이인 진딧물은 누구에게 처리를 부탁하면 좋을까요? 진딧물은 한두 마리씩 살지 않고 우글우글 모여서 살아요. 식물에 붙어서 입으로 즙을 빨아먹기 때문에 식물이 말라 죽고 말지요. 게다가 식물에 병까지 옮기는 위험한 해충이에요.

진딧물은 식물 즙을 빨아먹고 난 뒤 꽁무니에 있는 구멍으로 당분을 배설해요. 이 '단물'을 개미가 놓칠 리 없지요! 개미는 진딧물의 날개를 붙들고 집에 데려가 사람이 소한테서 우유를 짜듯 당분을 짜낸답니다. 한마디로 진딧물을 가축처럼 키우는 거예요.

사람들이 벌이는 진딧물 소탕 작전에 큰 공을 세우는 유명한 해결사가 바로 무당벌레예요. 무당벌레가 행운을 가져다 준다고 믿는 사람들도 있어요. 무당벌레는 빨간색 몸통에 검은색 점이 있는데, 가장 흔한 것이 점 일곱 개짜리(칠성무당벌레)이고, 두 개짜리도 있어요. 공기가 심하게 오염된 지역에서는 가끔 완전히 새까만 색의 무당벌레가 목격되기도 해요.

어른 무당벌레말고도 어린 애벌레도 진딧물 사냥에서 멋진 활약을 펼쳐요. 무당벌레 애벌레는 처음엔 검은색이었다가 점점 푸르스름한

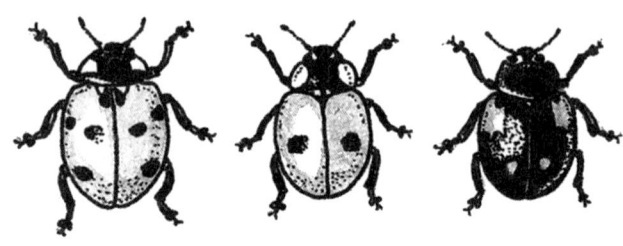

무당벌레

회색이나 은색을 띠어요. 등에는 주황색 얼룩 무늬가 있어요. 진딧물이 많은 해에는 무당벌레도 엄청나게 많아져요. 먹이가 풍부하니 당연한 일이지요.

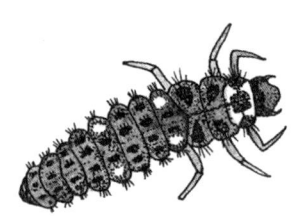

무당벌레 애벌레

무당벌레는 4주에서 6주간 애벌레로 지내는데, 그 사이 한 마리당 무려 1,500마리의 진딧물을 먹어 치워요. 애벌레들은 진딧물을 튼튼한 턱으로 잡아서 체액을 빨아먹지요. 충분히 양분을 섭취한 애벌레는 엿새에서 아흐레 동안 자기가 만든 껍데기에 들어가 아무것도 하지 않고 딱딱하게 굳어서 지내요. 이렇게 번데기 과정을 거치고 나면 온전한 모습의 무당벌레가 고치를 벗고 밖으로 나와요. 그리고 예전처럼 다시 진딧물을 잡아먹으며 살아가지요.

얇고 예쁜 날개를 가진 풀잠자리는 봄에는 노란색을 띠었다가 가을이 되면 연두색으로 몸 색깔이 바뀌어요. 해가 질 무렵이면 풀잠자리는 진딧물과 작은 애벌레들을 사냥하러 다니지요. 알을 낳을 때도 진딧물

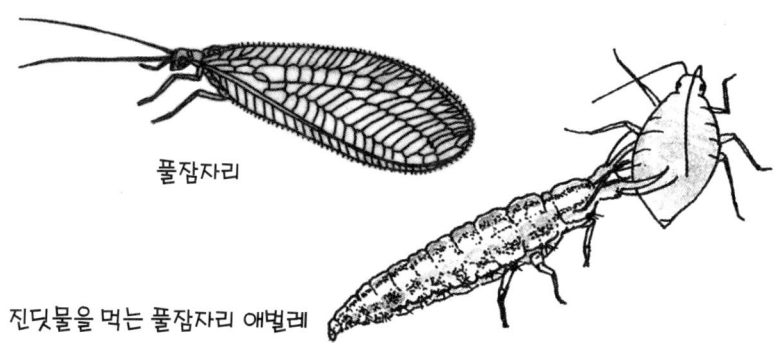

풀잠자리

진딧물을 먹는 풀잠자리 애벌레

들이 모여 사는 곳인 잎사귀 뒷면에 붙여 놓는답니다. 알에서 깨어난 풀
잠자리 애벌레는 곧바로 옆에 있는 진딧물을 잡아먹어요. 그래서 풀잠
자리 애벌레를 '진딧물귀신'이라고 부르기도 해요. 풀잠자리 애벌레 한
마리가 번데기가 될 때까지 먹어 치우는 진딧물이 500마리나 된다고 해
요. 그리고 나서 겨울을 나기 위해 벌레집으로 들어가 방해받지 않고 조
용히 잠을 자지요.

맵시벌과의 벌들은 진딧물을 알집으로 이용하기도 해요. 또 맵시벌
중에는 배추흰나비의 천적도 있어요. 우리가 흔히 배추벌레라고 부르

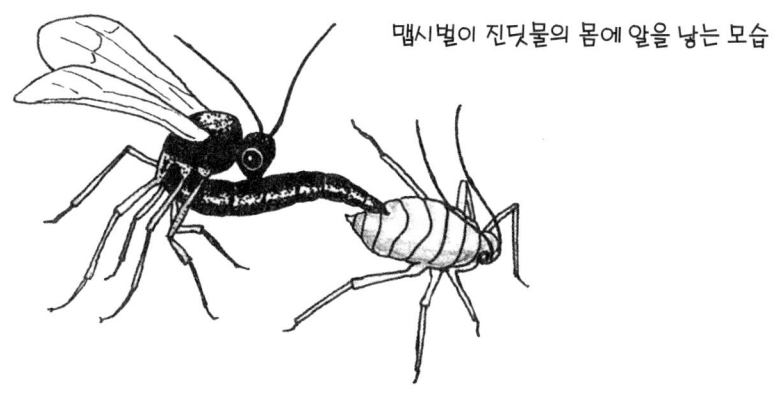

맵시벌이 진딧물의 몸에 알을 낳는 모습

는 배추흰나비의 애벌레는 양배추와 여러 야채를 먹어 치워서 농부들을 곤란하게 하지요.

맵시벌은 진딧물이나 배추벌레에게 다가가 산란관을 꽂고 그 속에 알을 낳아요. 벌의 애벌레가 알에서 깨면 자기가 살고 있는 숙주를 먹으면서 자라납니다. 애벌레는 알집이자 양분으로 쓰인 벌레의 몸을 다 먹고 나면 번데기가 되기 위해 그 곳에서 나와요. 그리고 얼마 후 완전한 모양을 갖춘 맵시벌은 고치를 뚫고 하늘로 날아올라요. 이제 맵시벌이 잘 살아가려면 꽃가루와 꿀, 맛있는 즙을 구할 수 있는 꽃밭이 있어야겠지요?

다른 말벌이나 꿀벌들도 진딧물이나 해충의 애벌레를 이용해서 번식을 하고 새끼를 먹여 살려요. 이런 이로운 곤충들을 불러들이기 위해서는 그들에게 살기 좋고 편한 환경을 만들어 주어야 해요.

꿀벌과 말벌 집 만들기

준비물   8~10센티미터 두께의 너도밤나무나 참나무 원판 · 전기 드릴(전기 드릴이 없으면 송곳)

이렇게 해 보세요

● 나무 원판 한 쪽에 드릴이나 송곳으로 구멍을 몇 개 뚫어요. 지름은 3~10밀리미터, 깊이는 5~8센티미터로 각각 다르게 하세요.

나무 원판의 구멍 뚫린 부분을 앞으로 향하게 해서 집 바깥벽에 걸어 두세요. 무리와 떨어져 단독 생활을 하는 외톨이 꿀벌이나 말벌이 이 곳에 찾아와 살면서 퍽 좋아할 거예요. 여러분도 집안에서 꿀벌과 말벌의 생활을 관찰할 수 있으니 일거양득이지요.

꿀벌이 사는 구멍 난 그루터기나 벌집을 건드렸다간 큰일이 나요. 또 벌들이 날아다니는 길을 방해해도 따끔한 침에 쏘일 위험이 있지요. 벌 침에 쏘였을 때는 어른들의 민간 요법으로 응급 처치를 하세요.

벌에 쏘였을 때의 응급 처치

이렇게 해 보세요

- 우선 핀셋으로 살에 박힌 벌침을 뽑아내세요. 손으로 문지르거나 긁으면 독이 피부 속으로 더 깊이 들어가니까 조심하세요!
- 쏘인 자리에 라벤더 오일이나 양파즙, 또는 암모니아수를 바르세요.
- 말벌에 쏘였을 때는 산성인 식초를 발라야 해요.
- 주스 잔이나 잼을 바른 빵에 벌이 붙어 있다가 음식을 먹는 사람의 입을 쏘는 경우도 있어요. 입 안을 물렸을 때는 반드시 병원에 가야 해요. 병원에 가기 전에 응급 처치로 얼음 조각을 입 안에 넣고 빨면 좋아요.

먹이 사슬의 균형이 잘 유지되는 생태 정원에서는 우리 눈에 잘 안 보이는 집게벌레도 한몫을 톡톡히 해요. 집게벌레류는 날개가 가죽 같다고 해서 혁시류(革翅類)라고 불리지요. 또 메뚜기와 귀뚜라미처럼 불완전 변태(『신나는 늪 탐험』 30쪽을 참조하세요)를 하기 때문에 외시류(外翅類)라고도 해요.

집게벌레는 몸길이가 1.5센티미터 정도 되고 야행성이에요. 날이 어둑어둑해지면 진딧물이나 다른 벌레의 작은 유충을 잡으러 돌아다녀

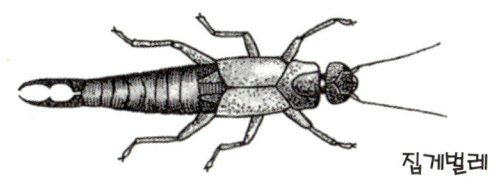

집게벌레

요. 꼬리에 있는 큰 집게로 먹이를 꽉 붙잡은 뒤 등 위로 밀어 올려 주둥이에 갖다 대지요. 낮에는 돌멩이, 널빤지, 우거진 수풀 밑에 숨어서 같은 친구끼리 모여서 잠을 자요. 한 장소에 500마리가 모여 살기도 해요. 보통은 암컷이 땅 속에다 집을 짓지만, 집게벌레를 위해 특별 제작된 화분에서도 아늑한 보금자리를 꾸밀 수 있어요.

집게벌레 화분 집 꾸미기

준비물 점토로 된 작은 화분 · 대팻밥이나 이끼 · 촘촘한 그물 천 · 끈

이렇게 해 보세요
- 화분을 대팻밥이나 이끼로 반쯤 채우세요(1년에 한 번씩 대팻밥을 갈아 주어야 해요).
- 입구를 그물 천으로 덮은 뒤 끈으로 묶고 거꾸로 매달 수 있게 바닥에 끈을 연결하세요.
- 낮은 나뭇가지나 덤불에 종 모양으로 매달아 두세요. 채소밭이나 꽃밭 부근에 달아 두면 더 좋아요.

집게벌레, 지네, 쥐며느리, 딱정벌레, 거미 같은 야행성 곤충들을 더 자세히 관찰하고 싶다면 함정을 놓아서 잡은 뒤 곧바로 놓아주는 방법도 괜찮아요.

야행성 곤충의 함정 설치하기

준비물 둘레가 넓은 빈 유리병(잼, 피클 병이 좋아요) · 작은 삽 · 조약돌 몇 개 · 작은 널빤지나 헌 기왓장

이렇게 해 보세요

- 뜰 땅바닥에 유리병이 들어갈 만한 구멍을 파세요. 유리병 입구가 너무 들어가거나 나오지 않게, 지면과 높이가 같아야 해요.

- 입구 주변에 조약돌을 놓고 그 위에 지붕으로 쓸 널빤지나 기왓장을 얹어요. 널빤지가 없다고 투명한 유리를 써서는 안 돼요. 아침 해가 떠오르면 유리판이 돋보기처럼 작용해서 열을 모으고, 유리병 안이 너무 뜨거워진답니다.

● 널빤지 지붕과 유리병 사이에 조약돌보다 큰 돌멩이를 놓아서는 안 돼요. 그럼 틈이 너무 벌어져서 작은 쥐 같은 다른 동물들이 빠질 수 있어요. 작은 곤충들이 들어갈 정도로만 틈이 있으면 되지요.

● 다음날 아침 유리병 함정을 살펴보세요. 어때요, 밤 사이 곤충들이 몇 마리나 빠졌나요? 곤충을 관찰하고 난 다음에는 반드시 다시 놓아주어야 해요.

함정을 어디에 설치했는지에 따라 잡히는 곤충의 종류와 수가 달라져요. 두엄 더미 근처에 함정을 만들면 다른 곳보다 훨씬 많은 곤충을 잡을 수 있어요 (154쪽 그림을 보세요).

여러분 집 마당에 더욱 다양한 동식물이 살았으면 싶나요? 그럼 우리
도 비오톱 방주를 만들어 보는 건 어떨까요? 성서에 나오는 노아가 세상
에 있는 모든 생물을 태울 수 있는 커다란 배를 만든 것이 기억나지요?
그것처럼 우리도, 원래는 여러 곳에 흩어져 있는 생물들의 생활 공간을
작은 장소에 모아 보는 거예요.

방주를 정성 들여 만들기만 한다면 식물과 동물들이 저절로 모여들
거예요. 물론 그러려면 마당에 어느 정도 공간이 있어야 해요.

비오톱 방주 만들기

준비물 정원이나 뜰에 있는 7제곱미터 남짓한 공터 · 널빤지와 각목 · 못 · 갈대발(짚이나 수수로 만든 것도 좋아요) · 모래와 진흙 · 화분에 담긴 식물 · 구멍 뚫은 나무 원판 · 마른 나뭇가지와 낙엽 따위 · 기왓장 · 돌멩이 여러 개

이렇게 해 보세요

● 널빤지와 각목으로 옆쪽에 나온 그림처럼 뼈대를 만들어요.

● 지붕은 비스듬히 만들고, 일부분에는 발을 덮어요. 바닥에는 모래와 진흙을 깔아요. 따로 떨어져 생활하는 말벌이나 꿀벌들이 바닥이나 지붕에 덮은 발 속에 집을 지을 거예요.

● 바닥 위에 돌멩이, 삭정이, 기왓장을 얼기설기 쌓아 두세요. 그럼 그 안에 고슴도치나 뾰족뒤쥐, 쥐며느리, 굼벵이무족도마뱀, 개구리 따위가 보금자리를 마련한답니다. 땅에 나뭇가지와 낙엽을 깔면 톡토기, 응애, 지렁이 종류들이 살면서 건강하고 기름진 흙을 만들어요.

- 가느다란 막대기들은 번갈아 엮어 앞쪽에 울타리를 만들어 주세요. 그런 곳에는 거미와 노린재 같은 동물들이 집을 잘 짓지요.
- 옆면에 철망을 붙여 주면 덩굴 식물들이 위로 쑥쑥 자라날 거예요.
- 집게벌레의 화분 집, 새들을 위해 만든 나무 집, 구멍 뚫은 벌집도 비오톱 방주 여기저기에 달아 두세요. 자, 여러 동물들을 위한 훌륭한 보금자리가 완성되었죠?

방주 안에는 이런 것들을 얼기설기 쌓아 두세요.

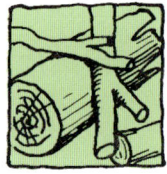   

통나무, 가지, 돌멩이, 벽돌, 홈통 조각, 기왓장......

 방주 밖에서만 관찰하세요! 동식물이 급한 도움을 필요로 하거나 문제가 생기지 않은 한 사람이 들어가지 않는 것이 제일 좋아요.

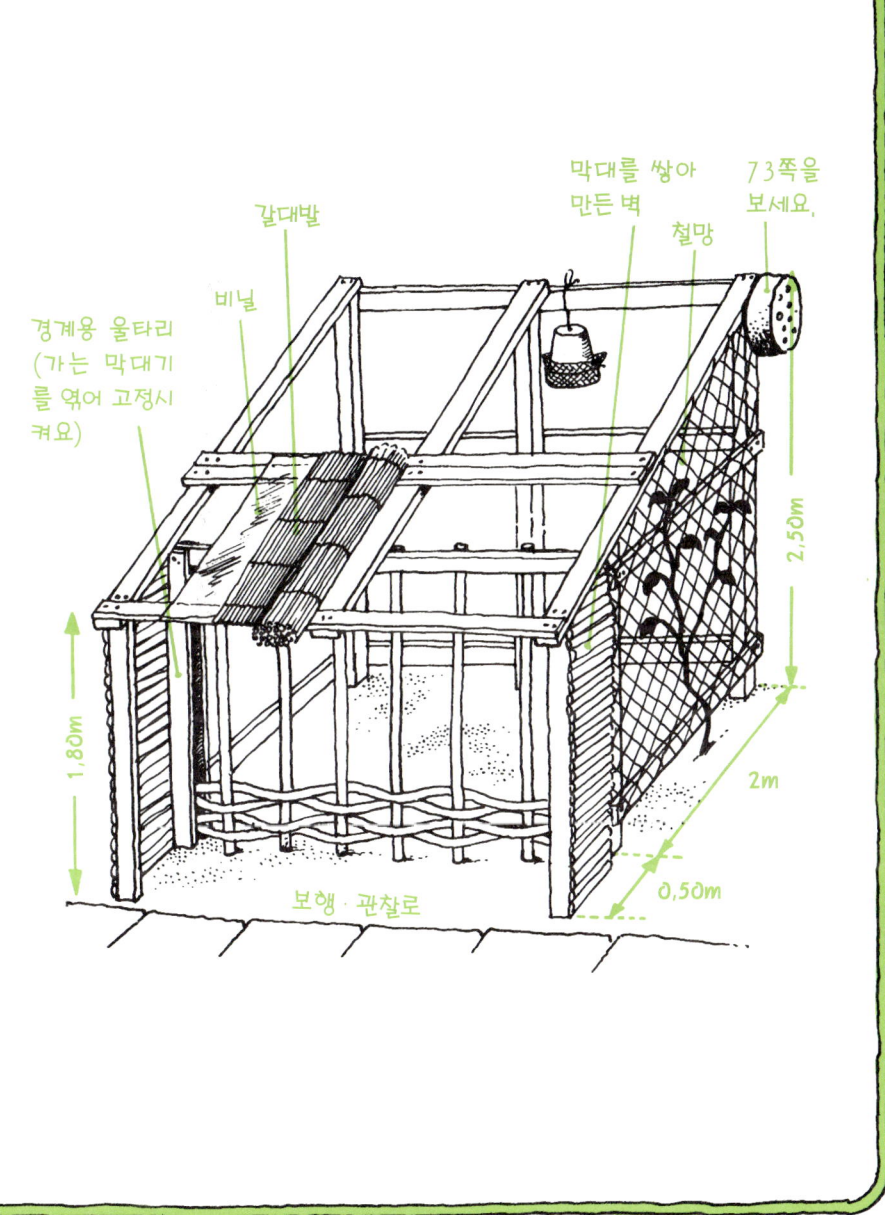

막대를 쌓아
만든 벽

73쪽을
보세요.

갈대발

철망

비닐

경계용 울타리
(가는 막대기
를 엮어 고정시
켜요)

2.50m

1.80m

2m

0.50m

보행 · 관찰로

향기로 말해요! 서로 돕는 식물들

꽃, 과일, 야채를 괴롭히는 해충을 잡아 주고 도움을 베푸는 이웃 사촌에는 동물들만 있는 것이 아니에요. 식물들끼리도 서로 도우며 든든한 우정을 과시한답니다.

어떻게 하냐고요? 바로 향기를 피우는 거지요. 냄새는 식물이 살아가는 데 아주 중요한 역할을 한답니다. 다음 실험을 해 보면 그 사실을 확인할 수 있을 거예요.

어떤 식물은 공기중에 있는 성분에 큰 영향을 받아요. 우리가 하는 실험은 허브 향기가 물냉이(크레송)에 미치는 영향을 알아보는 것이지요. 어떤 향기는 물냉이가 빨리 자라게 하지만, 어떤 향기는 성장을 더

식물과 향기의 공생

준비물　물냉이(크레송) 씨앗 · 정원 흙 · 작은 화분 몇 개 ·
화분 개수와 같은 수의 입구가 넓은 투명 유리병 · 솜뭉치 ·
가는 철사 · 말린 허브 몇 종류

이렇게 해 보세요
- 정원이나 뜰에서 퍼 온 흙을 화분에 넣고 물냉이 씨앗을 똑같은 개수로 심 어요. 물을 주고 늘 촉촉하게 해 주세요.
- 화분을 하나씩 유리병 안에 넣고 철사에 솜뭉치를 매달아 병 입구마다 거 세요.
- 솜뭉치마다 서로 다른 허브 오일을 적셔 주세요.
- 아니면, 라벤더, 서양쥐오줌풀(발레리안), 박하(페퍼민트) 가루를 병마다 한 종류씩 뿌려 놓아요.

레몬밤 · 라벤더 · 마조람 · 바질 · 카모마일 같은 허브 오일을 솜뭉치에 한두 방울 뿌려도 돼요. 화장품 가게나 건강용품 파는 곳에 가면 살 수 있어요. 하지만 꽤 비싼 편이라서 허브차나 요리용으로 파는 허브 잎을 쓰는 것도 좋아요. 큰 슈퍼마켓에 가면 있어요.

디게 만들어요. 물냉이는 완전히 자라는 데 시간이 많이 걸리지 않아서 며칠만 지나도 차이가 분명히 드러나요. 매일 같은 시간에 화분의 물냉이가 저마다 얼마만큼 자랐는지 길이를 재고 기록해 보세요. 어떤 향기를 맡았을 때 튼튼하고 짙은 초록빛을 띠는지, 또 어떤 향기에서 누렇게 색이 변하고 시들시들해지는지 잘 관찰해 보세요.

텃밭을 가꿀 때도 향기는 중요한 역할을 해요. 당근과 파를 같이 심으면 서로 당근파리와 양파파리를 쫓아내 주는 것처럼 말이죠. 세이보리는 강낭콩에 콩진딧물이 꼬이는 것을 막아 주어요. 마늘을 딸기밭에 심으면 딸기에 곰팡이가 피는 것을 방지할 수 있어요. 또 노란 빛깔의

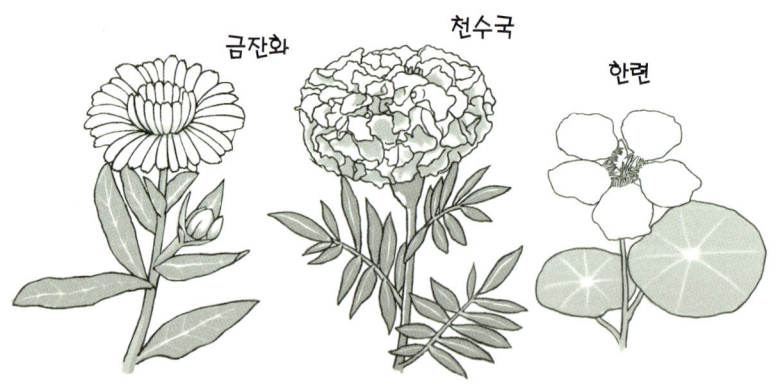

금잔화 천수국 한련

같이 있으면 우린 천하무적이야!

금잔화와 천수국, 주황색 한련은 옆에 있는 다른 식물의 진딧물을 쫓아
내 주는 일을 해요.

 땅속에서도 금잔화와 천수국은 좋은 일을 많이 해요. 이 두 꽃의 뿌
리는 물에 잘 녹는 특정 물질을 내보내는데, 이 물질은 땅속에 사는 선
충류(기생충)에게는 독이 된대요. 흰색 꽃이 피는 광대수염의 뿌리에서
는 감자를 잘 자라게 하는 물질이 나와요. 대극과 왕관초(패모류로 마늘
냄새가 심하게 나요)의 냄새는 밭에서 들쥐를 몰아내 주기도 해요. 들쥐
를 퇴치하는 데는 족제비도 한몫을 하지요. 족제비가 편하게 드나들 수
있는 돌무더기를 뜰에 마련해 주면 그 곳에 집을 짓고 살면서 우리에게
이로운 일을 해 줄 거예요.

 성가신 들쥐들을 여러분의 힘으로도 쫓아낼 수 있어요. 바로 소리를
내는 방법이지요. 그런데 어떻게 소리를 내냐고요? 간단해요. 직접 노래
를 부르거나 악기를 연주하지 않아도 다 좋은 방법이 있답니다.

들쥐는 음악을 싫어해

준비물 마개가 없고 입구가 좁은 빈 유리병
(음료수 병이 좋아요)

이렇게 해 보세요

● 유리병을 병 입구가 살짝 밖으로 보이게 채소밭 근처 땅에 파묻으세요.

이렇게 해 놓으면 바람이 불 때마다 병에서 음악 소리가 흘러나오지요.
그럼 들쥐들은 질겁하고 도망칠 거예요.

사람의 손이 닿지 않은 자연에서는 실제로 여러 가지 식물이 서로 어깨를 맞대고 각양각색으로 자라나지요. 식물들은 오랜 세월에 걸쳐 서로에게 이득이 되는 것끼리 가까워지고 함께 어울려 사는 이웃 사촌이 되는 거예요.

온통 소나무만 자라는 숲, 옥수수 한 가지만 있거나 상추만 심은 밭에는 생존을 위해 서로 돕고 돕는 자연의 법칙이 무시되었기 때문에 문제가 생기는 거예요.

영리한 정원사와 농부는 콩은 콩끼리, 양배추는 양배추끼리만 심지 않아요. 그보다는 이것저것 종류를 달리해서 섞어 심지요. 그런 걸 섞어짓기(혼작)라고 해요. 이렇게 하면 식물들끼리 다닥다닥 붙어서 자라는데도 양분이 부족하거나 서로 피해를 주지 않아요. 식물마다 땅의 양분을 필요로 하는 시기가 서로 다른 데다 크기도 여러 가지인 만큼 뿌리를 뻗는 깊이도 저마다 다르거든요.

반대로 홑짓기(단작)를 할 경우에는 땅과 주변에 발생하는 냄새가 한 가지라서 해충이 많이 꼬이게 되지요. 그래서 양배추만 잔뜩 심어 놓은 밭에는 배추흰나비가 좋아하며 달려드는 거예요. 배추흰나비는 양배추 잎사귀에 알을 낳고, 이 알에서 나온 애벌레는 양배추 이파리를 몽땅 갉아먹어요. 그래서 똑똑한 농부나 정원사들은 다양한 식물을 동시에 심어서 더불어 가꾸는 지혜를 발휘하지요. 배추흰나비나 다른 벌레가 접근할 기회를 주지 않는 거예요.

화단 근처에 집을 짓고 사는 맵시벌 같은 곤충의 도움도 받아 보세요. 맵시벌은 배추흰나비의 애벌레 몸에 자기 알을 붙여 놓아요. 맵시벌

애벌레가 이 알에서 나오면 자기를 데리고 다니던 배추벌레를 잡아먹어요. 앞에서도 한번 살펴보았지요(71, 72쪽을 보세요)?

딜(소회향), 토마토, 셀러리악, 파, 타임, 마늘, 부추 같은 식물도 다른 식물의 불청객들을 멀리 쫓아내는 구실을 해요.

유기농 텃밭에 심은 호박

© R. Gayl

짚으로 덮어 놓은 섞어짓기 텃밭

© G. Desbalmes

꽃밭

© K. Farasin

지렁이 관찰 상자 흙으로 채우기

© K. Farasin

완성된 지렁이 관찰 상자

© R. Gayl

은줄표범나비

애기나방

© W. Katzmann

알락나방류

© W. Katzmann

© R. Gayl

공작나비

들신선나비

© R. Gayl

녹색박각시

© W. Katzmann

© W. Katzmann

산개구리

굼벵이무족도마뱀

© R. Gayl

녹색장지뱀

© W. Katzmann

고슴도치
© W. Katzmann

긴귀박쥐
© G. Desbalmes

유럽울새
© K. Farasin

풀잠자리

©R. Gayl

무당벌레의 애벌레

©R. Gayl

무당벌레

©R. Gayl

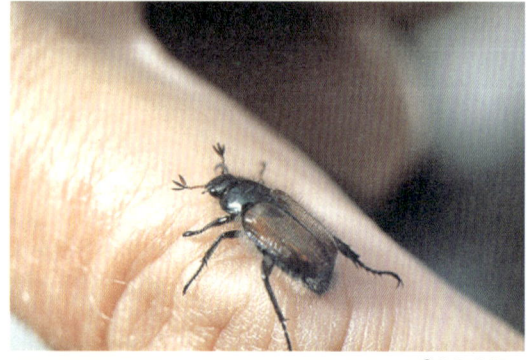

풍뎅이

©G. Desbalmes

또 하나 비결을 알려 줄까요? 토마토의 곁가지는 어차피 떼어내야 위에 있는 열매가 튼튼하게 맺혀요. 그렇게 떼어낸 이파리나 가지를 물을 넣고 이겨서 그 즙을 양배추 위에 뿌려 주세요. 배추흰나비는 이 즙에서 나오는 냄새를 질색해서 양배추에 알을 낳는 걸 포기해 버려요. 아참, 그런데 보통 다른 식물들에게 곧잘 도움을 주어서 '텃밭 지킴이'로 통하는 금잔화도 양배추 밭에서만큼은 쓸모가 없어요. 왜냐하면 금잔화 향기가 배추흰나비를 오히려 강력하게 끌어들이거든요.

채소를 가꾸는 데 쓰이는 이런 옛 지혜들은 오늘날에는 많이 잊혀져 버렸어요. 우리 조상들이 훌륭하게 응용했던 농사 비결이 농약과 기계에 밀려나고 만 거지요.

할머니 할아버지의 비결

애기똥풀의 줄기를 꺾으면 노르스름하고 찐득한 액체가 흘러나와요. 우리들 증조할아버지뻘 되는 조상들은 몸에 난 사마귀를 없애는 데 이 액체를 사용하셨대요. 또 건초에서 채취한 풀씨를 달여서 그 물에 발을 담그면 피로가 싹 풀렸다고도 해요. 부엌에서 그릇을 닦을 때는 수세미의 열매를 따서 껍질과 씨를 제거한 뒤 섬유질을 말려 쓰거나(그래서 요즘 화학 섬유 제품도 수세미라고 부르지요?), 클레마티스(으아리)의 인피 섬유를 쓰기도 하셨어요. 이런 것들은 모두 자연의 재료를 그대로 이용한, 말 그대로 친환경 물건이에요. 돈도 안 들고, 재활용이 되고, 포장지나 쓰레기를 처리하기 위해 골머리를 앓을 필요도 없고요.

기분이 울적하고 걱정이 있을 때도 식물이 도와주었답니다. 액자에 든 사진이 보이지요? 할아버지께서는 선생님께 혼이 난 날이면 버드나

무 가지를 두 팔로 껴안고 귀를 갖다대셨대요. 그 속에서 나는 소리를 듣다 보면 마음이 편안해진대요.

우리 몸이 건강해지려면 냉동 식품이나 즉석 식품만 먹어서는 안 돼요. 신선한 재료로 그때그때마다 만들어 먹는 밥과 국, 나물 무침이 얼마나 몸에 좋은지 알고 있지요? 정원이나 텃밭, 주말 농장에서 키운 야채로 직접 영양식을 만들어 보세요. 야채 요리는 아주 오랜 옛날부터 있었던 영양 많은 먹을거리예요.

여러분 혹시 뚱딴지라는 말을 들어본 적 있나요? 다른 말로 돼지감자라고도 해요. 원산지는 북아메리카예요. 유럽에서는 감자가 본격적으로 보급된 18세기까지 배고픈 사람들에게는 고마운 야채였어요. 그러다가

감자가 식탁에 오르게 되자 뚱딴지는 가축 사료용으로 더 많이 쓰이게 되었답니다.

　　국화과 식물이고 해바라기와 비슷한 노란 꽃이 피어요. 키가 최고 3미터 높이까지 자라기도 해요. 우리가 먹는 부분은 땅속에서 자라는 덩이줄기예요. 돼지감자(뚱딴지 덩이줄기)를 익히지 않고 먹을 때는 얇게 썰어서 그냥 먹거나 치즈와 곁들이면 맛있고요, 삶아서 먹기도 해요.

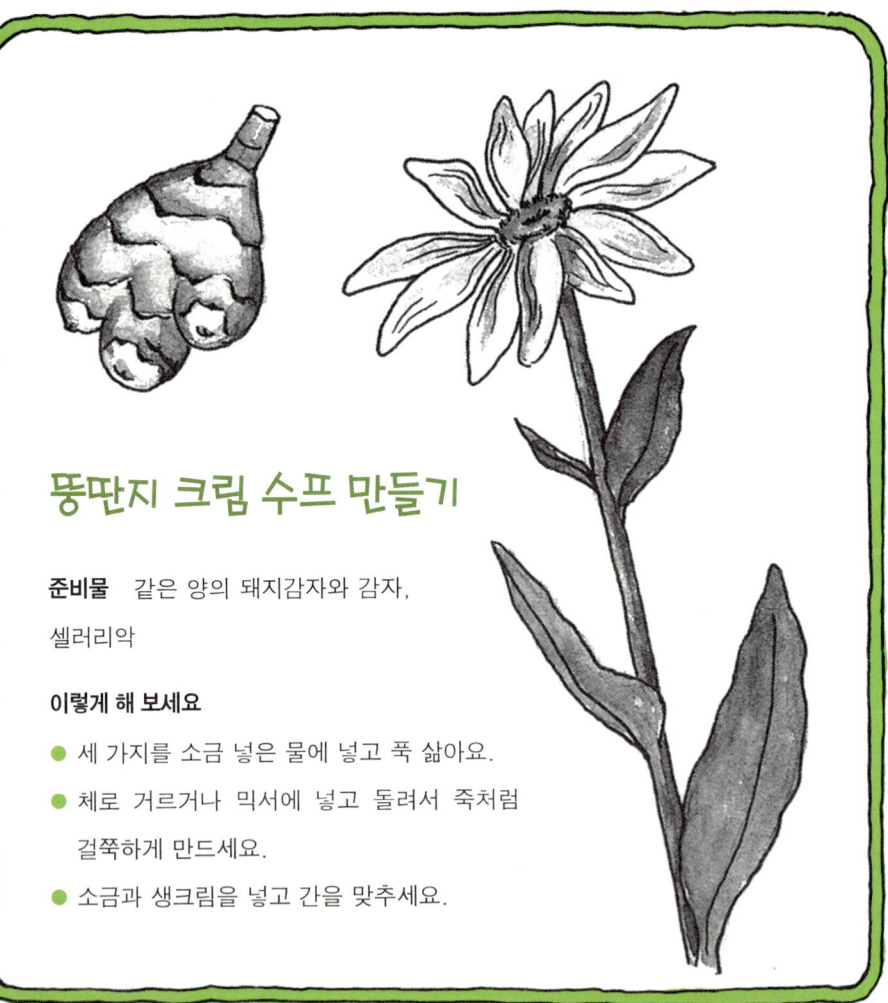

뚱딴지 크림 수프 만들기

준비물　같은 양의 돼지감자와 감자,
셀러리악

이렇게 해 보세요

- 세 가지를 소금 넣은 물에 넣고 푹 삶아요.
- 체로 거르거나 믹서에 넣고 돌려서 죽처럼
　걸쭉하게 만드세요.
- 소금과 생크림을 넣고 간을 맞추세요.

이봐,
약한 불로 요리하래!
근데 대체 불조절 스위치는
어디 있는 거야!??

원시인식 야채국 만들기

준비물(2인분) 어린 쐐기풀 잎사귀 네 줌 · 애기수영 잎사귀 한 줌 · 셀러리악
한 개 · 사탕무 한 개 · 쌀 두 줌 · 사골

이렇게 해 보세요

● 사골에 물 한 바가지(1리터)를 붓고 30분 이상 끓여서 국물을 우려내세요.

● 셀러리악과 사탕무를 강판으로 갈아요.

● 쐐기풀과 애기수영 잎사귀는 자잘하게 칼로 다져요.

● 뼈 우려낸 국물에 쌀, 셀러리악, 사탕무를 넣고 다시 10분 이상 끓여요.

● 잘게 다진 쐐기풀과 애기수영을 넣고 15분간 약한 불에서 뭉근하게 더 끓
  여 주세요.

요즘 들어 많은 관심을 받고 있는 식물들이 있죠? 바로 허브예요. 허브는 우리말로 약초, 혹은 향초라고 해요. 몸을 치료하고 건강을 유지하는 데 쓰이거나 부엌에서 음식 만들 때 쓰는 향신료가 바로 허브예요.

주말 농장이나 뜰에 있는 텃밭에서 키우면 참 쓸모가 많아요. 냉이종류는 무의 향기를 북돋워 주고요, 페퍼민트(박하)는 감자, 토마토, 상추의 맛을 한층 산뜻하게 해 주지요. 허브 잎은 물에 넣고 우려내서 차로 마시기도 하고 목욕물에 넣고 몸을 담그면 건강에 그만이에요. 요리를 할 때는 막 따서 음식에 넣거나 잘게 다져서, 혹은 말린 채 양념으로 쓰기도 하지요.

타임

타임은 토마토 수프에 넣으면 맛이 살아나고요, 목이 아플 때 차를 우려 마시면 좋아요. 세이지는 닭고기 요리에 잘 쓰여요. 잇몸이 아플 때도 세이지 잎을 우린 물로 입 안을 헹구면 잘 낫지요. 파슬리는 접시 위에 장식용으로도 놓지만 다져서 수프에 뿌리기도 해요. 핌피넬레(오이풀류)는 채소무침에 넣어 먹으면 신선한 맛이 일품이고, 햇볕에 그을린 피부의 열기를 가라앉히는 데도 쓰여요.

가정집의 정원이나 텃밭, 화분에서 허브를 키우는 것을 보면 종류에 상관없이 똑같은 조건에서 심고 가꾸지요? 하지만 사실 허브는 저마다 성질이 다른 기후 조건과 토양에서 생겨난 식물들이에요. 물냉이나 물박하(워터민트)는 축축한 땅에서 잘 자라고, 따뜻한 지역에서 건너온 타임과 로즈마리는 마른 땅을 좋아하지요.

로즈마리

마당에 공간이 좀 넉넉한 편이라면 달팽이 모양의 화단을 만들어 허브를 키워 보세요. 달팽이 화단은 한 공간에서 여러 가지 서식 조건을 만들어낼 수 있으므로 종류가 다른 허브를 한데 모아서 심을 수 있어요. 달팽이 화단은 되도록 양지 바른 곳에 완만한 경사를 이루게 해서 지으세요. 산과 들에 있는 돌을 쌓아서 축대를 만들고 그 안에는 부분별로 다른 흙을 채워 넣어요.

요리에 잘 쓰이는 허브들은 대개 석회질이 많고 마른 땅을 좋아하기 때문에 공사장에서 나온 마른 모래와 시멘트 따위를 깔아주면 좋아요. 달팽이 화단의 제일 낮은 끝자락에는 조그만 연못을 만드세요. 이미

『신나는 늪 탐험』을 본 친구라면 만드는 방법을 알고 있을 거예요. 화단이 비스듬히 올라가는 중간 부분에는 정원이나 뜰의 흙과 두엄을 섞어서 채워 주세요(152, 153쪽을 보면 두엄에 대한 얘기가 자세히 나와 있으니 참고하세요). 맨 위 높은 곳에는 마른 모래를 덮어요.

달팽이 모양의 허브 화단을 만들려면 마당에 어느 정도 자리가 있어야 해요. 적어도 넓이가 가로 3.5미터, 세로 2.5미터 되는 땅이 있어야 돌을 충분히 쌓을 수 있고, 돌담이 태양열을 흡수해서 화단 전체를 따뜻하게 유지할 수 있거든요. 양념으로 쓰이는 허브는 요즘 꽃시장에 가면

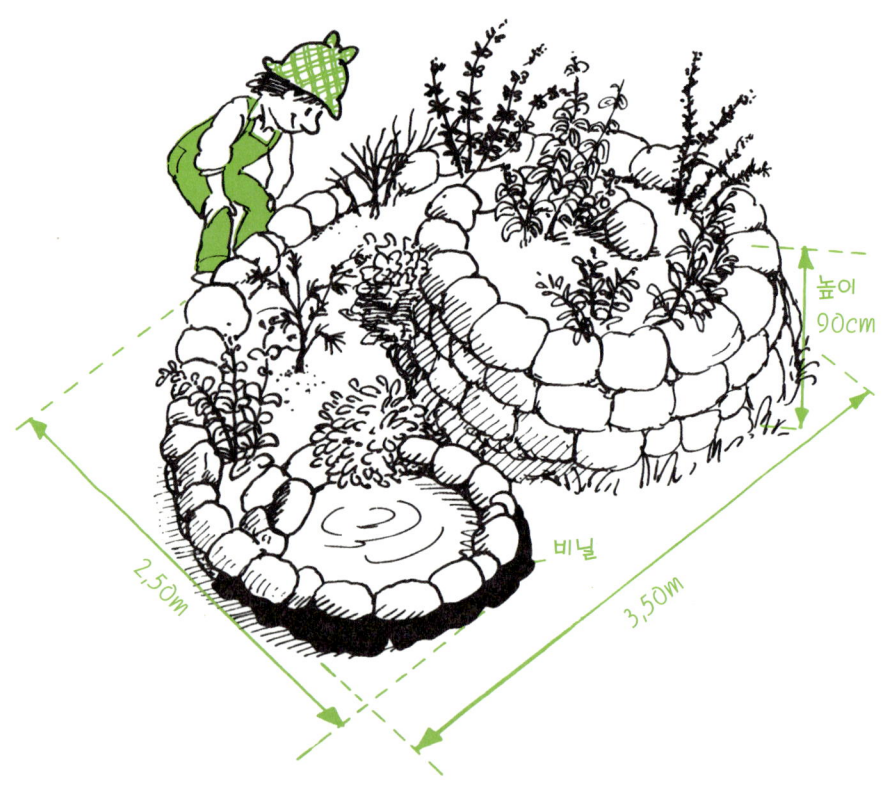

높이
90cm

비닐

2.50m

3.50m

화분에 담겨 있는 것이나 씨앗을 쉽게 구할 수 있어요. 그 중에 1년만 살고 죽는 바질, 서양지치(보리지), 딜 같은 한해살이풀은 매년 봄마다 다시 심어 주어야 해요.

화단을 만들고 얼마 안 가서 돌 틈 사이에 들풀들이 자라나기 시작할 거예요. 들풀은 씨앗이 바람에 날려 오거나 새의 배설물 속에 들어 있다가 흙을 만나 싹을 틔우지요. 아니면 개미가 이동을 하다가 씨를 떨어뜨리기도 해요. 특히 풀(초본)이나 큰개불알풀 같은 현삼과 식물들이 돌

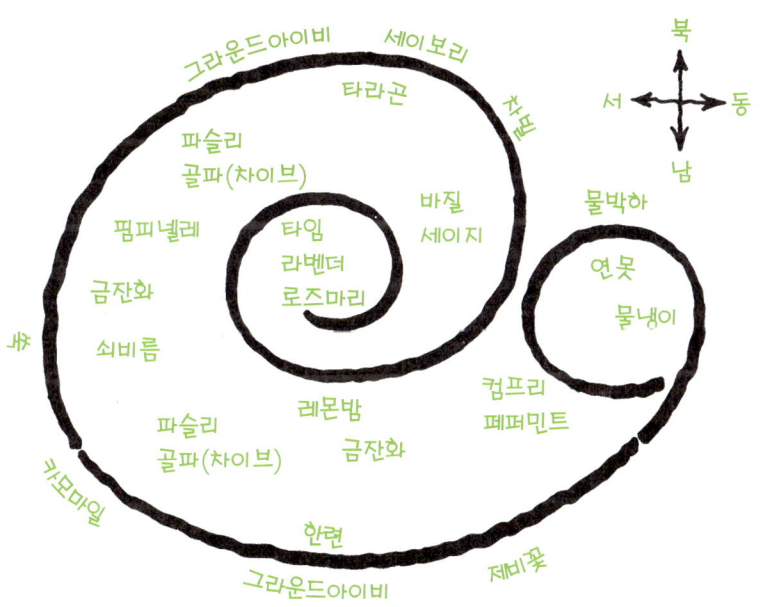

틈새에서 잘 자라요. 화단 바깥에는 돌나물 종류를 심으면 무럭무럭 자라나요.

다리가 긴 장님거미, 벌들도 이 화단으로 이사를 와서 알을 낳을 구멍을 팔 거예요. 햇볕을 받아 따끈따끈해진 돌담 위에는 도마뱀과 율모기가 올라와 느긋하게 배를 데우겠지요. 때로는 허브 사이를 날아다니던 곤충을 잡아먹기도 하고 재빨리 화단 밑구멍으로 숨기도 해요. 두꺼비는 몸이 마르는 걸 싫어하고 축축한 곳을 좋아해요. 그래서 낮에는 화단 한구석 그늘진 곳에 웅크리고 있답니다.

사람이 가꾸지 않아도 산과 들에 저절로 피어나는 허브도 많아요. 붉은색이나 흰색 꽃이 피는 야로우(서양톱풀)는 예로부터 민간 치료용으로 자주 쓰였어요. 꽃과 잎사귀를 말려두었다가 차를 달여 마시면 위장, 허파, 신장에 병이 났을 때 잘 들어요. 안젤리카는 2미터 높이까지 키가 크고 꿀 냄새를 풍기면서 초록빛이 감도는 흰색 산형 꽃을 피워요. 산형이란 우산처럼 하나의 꽃대 끝에 사방으로 많은 꽃자루가 달리는 모양을 말해요. 옛 유럽인들은 안젤리카를 달여 마시면 마법과 속임수를 막을 수 있다고 믿었대요. 우리 몸을 건강하게 하는 효능이 있어서 그랬던 것 아닐까요?

흰 꽃이 피는 카모마일은 예로부터 서양 여인들의 아름다움을 가꾸는 데 쓰여 왔어요. 금발을 가진 사람이 카모마일로 머리를 감으면 더 윤기 있고 선명한 색깔의 머리카락을 얻는대요. 또 위장병, 불면증, 목 아플 때도 차로 마시면 좋아요.

카모마일로 반짝반짝 머릿결 만들기

준비물 카모마일 꽃 2줌(방금 딴 것이나 말린 것 다 좋아요)

이렇게 해 보세요

● 카모마일 꽃송이를 물 1리터에 넣고 10분간 끓인 다음 식혀서 천에 걸러 내세요.

● 머리를 감고 나서 비눗기를 제거한 뒤 카모마일 물에 여러 번 헹구세요. 그리고 드라이어를 사용하지 않고 그냥 말리세요.

어때요? 머리카락에서 반짝반짝 윤이 나지요? 여러분도 직접 허브를 길러서 튼튼하고 예쁜 몸과 마음을 가꾸어 보세요.

잡초는 없다!

사람이 일부러 심으면 좋은 풀이고, 혼자서 자라나면 '잡초'일까요? 옆쪽 그림에서 보듯이 '한청결' 씨와 '나깔끔' 씨는 그렇게 생각하나 봐요. 틈만 나면 두 사람은 매일 깎고 다듬어 매끈매끈한 잔디밭에 엎드려 민들레 싹과 귀여운 데이지 이파리를 뽑아내지요. 어린 잎으로 무침이라도 해서 먹으려는 거냐고요? 아니요! 그냥 쓰레기통에 던져 버리려는 거예요!

이들이 잡초라고 일컫는 데이지와 민들레는 몸이 아주 부드러워요. 그래서 잔디 깎는 기계의 매서운 칼날이 다가오면 몸을 살짝 구부려 살아남아요. 사람들이 잔디를 짧게 깎으면 깎을수록 햇빛과 양분을 차지할 기회가 많아지니까 훨씬 더 예쁘고 화사하게 돋아나지요.

하지만 생태 정원에서는 달라요. 어른의 허벅지까지 올라오는 키 높은 꽃밭에서 과연 이런 작은 꽃들이 잘 살아남을 수 있을까요? 흔히 잡초라고 부르는 풀들은 다른 식물들에게 부대끼기도 하고 동물들이 뜯어먹기도 하기 때문에 언제나 적당한 수가 유지되지요. 동물들에게는 먹이도 제공해요. 민들레의 노란 꽃잎은 벌들을 유혹하고, 나방의 애벌레들이 잎사귀를 갉아먹기도 해요. 또 방울새가 날아와 민들레 씨를 쪼아 먹기도 하지요.

예쁘게 피어난 데이지 꽃으로 무얼 할까요? 데이지 꽃으로 머리에 얹는 화관을 만들면 얼마나 예쁜지 몰라요. 게다가 데이지는 맛있는 요리에 쓰이기도 한답니다.

데이지 팬케이크 만들기

준비물(2인분) 데이지 잎사귀 8줌 · 데이지 꽃 조금 · 양파 작은 것 1개 · 식용유 2큰술 · 감자 2개 · 달걀 4개 · 소금 · 후추 · 육두구 가루 약간

이렇게 해 보세요
- 데이지 잎은 깨끗이 씻고 줄기는 잘라 소금을 약간 넣고 끓는 물에 데친 다음 체에 받쳐 물기를 없앤 뒤 곱게 다지세요.
- 감자는 껍질을 벗기고 씻은 뒤 물기를 빼세요. 4등분을 한 뒤에 다시 얇게 저미세요.
- 작은 프라이팬에 잘게 다진 양파를 넣고 기름에 살짝 볶아요.
- 감자를 프라이팬에 넣고 양파와 함께 익을 때까지 볶아요.
- 데이지 잎사귀, 소금, 후추, 육두구를 넣고 간을 맞춰요.
- 달걀을 깨서 잘 저은 뒤 소금을 약간 넣어요.
- 프라이팬에 있는 재료 위에 달걀을 부어요.
- 노릇노릇하게 될 때까지 잘 익히세요.
- 뒤집개로 한 번에 잘 뒤집어요(그게 어려우면 크기가 맞는 냄비 뚜껑을 뒤집어 들고 그 위에 팬케이크를 얹은 뒤 프라이팬에 다시 거꾸로 엎으면 돼요). 뒤집힌 면도 충분히 익히세요.
- 데이지 꽃으로 예쁘게 장식하세요. 팬케이크를 먹을 때 꽃도 같이 먹으면 돼요.

하지만 뭐니뭐니 해도 제일 쓸모 있는 풀은 쐐기풀이에요. 쐐기풀은 돌담 틈, 덤불, 채소밭 같이 장소를 안 가리고 잘 자라요. 쐐기풀은 한번 땅에 돋아나면 금세 무리지어 자라나고 뿌리가 튼튼하게 땅에 박혀 있어 웬만해서는 뽑기가 어려워요. 그렇지만 일부러 쐐기풀을 없애려고 하지 마세요. 쐐기풀이 있으면 뜰이나 정원도 한층 활기를 띠고, 다른 생물들에게도 도움이 돼요.

어린 쐐기풀은 아직 가시가 없어서 만져도 아프지 않아요. 다 자란 쐐기풀도 꺾은 다음 한 시간 정도 지나면 따갑게 하는 성분이 많이 줄어들어요.

우리가 잡초라고 하는 것들도 저마다 이로운 쓰임새가 있어요. 쐐기풀 1킬로그램을 물 10리터에 꼬박 하루를 담가 둔 뒤 그 물을 밭에 줘 보세요. 이 물에 있는 타닌 성분 때문에 진딧물들이 사라질 거예요.

그리고 열흘 동안 푹 담근 다음 거기에 다시 물을 섞어 화초에 주면 질소 비료와 같은 효과를 발휘해요. 다만 쐐기풀 불린 물은 냄새가 고약하다는 것이 단점이랍니다. 그러나 쐐기풀 잎사귀로 무침을 만들면 향긋하고 맛있는 요리가 되지요. 쐐기풀 잎에는 비타민 A와 C, 엽록소, 철분이 풍부하게 들어 있어요. 고급 식당에 가면 우리가 잡초처럼 생각했던 쐐기풀이 맛있는 요리로 변신한 모습을 볼 수도 있답니다.

쐐기풀을 먹는 것은 사람뿐만이 아니에요. 모든 풀을 잘 먹는 토끼도 쐐기풀만큼은 질겁하고 도망친다지요? 그런데 메뚜기, 노린재, 바구미 같은 곤충은 쐐기풀을 잘 먹어요. 또 진딧물도 쐐기풀 잎사귀 즙을 빨아 먹고, 무당벌레는 이 진딧물을 잡아먹어요. 그래서 쐐기풀 줄기에는 등

톡톡 쏘는 쐐기풀

준비물 막 뜯어낸 쐐기풀 잎사귀 몇 장 · 돋보기

이렇게 해 보세요

● 쐐기풀 줄기와 잎에 난 잔털을 손으로 살짝 쓸어 보세요. 가시 같은 잔털
  에서 독이 나와서 곧바로 살갗이 쓰라릴 거예요.

● 돋보기로 잔털을 관찰해 보세요.

● 뾰족한 털끝에는 둥그스름한 알갱이가 붙어 있다가 손으로 만지면 떨어지
  지요. 그러면 뾰족한 끝이 살갗을 뚫고 들어오고 거기서 액체가 스며 나와
  손을 따갑게 하는 거예요.

● 이 액체에는 쐐기풀이 자기를 뜯어먹으려는 동물한테서 스스로를 보호하
  려고 만들어낸 독성분이 들어 있어요.

● 이번엔 손으로 꽉 쥐어 보세요.

● 한번에 꽉 잡으면 독성분이 미처 살갗에 스며들기 전에 쐐기풀의 가시털
  이 죄다 부러지고 떨어져 버려요. 그 다음에는 따갑지도 간지럽지도 않아
  요. 잠깐! 운이 좋을 때만 그런 거니까 쐐기풀을 함부로 만지지 않도록 조
  심하세요.

에 검은 점이 두 개 혹은 일곱 개 찍힌 무당벌레가 오르락내리락하는 걸 볼 수 있어요. 무당벌레는 아주 가볍기 때문에 쐐기풀에 난 잔털을 건드려도 끝 알갱이가 부러지지 않고 독액이 스며 나오지도 않아요.

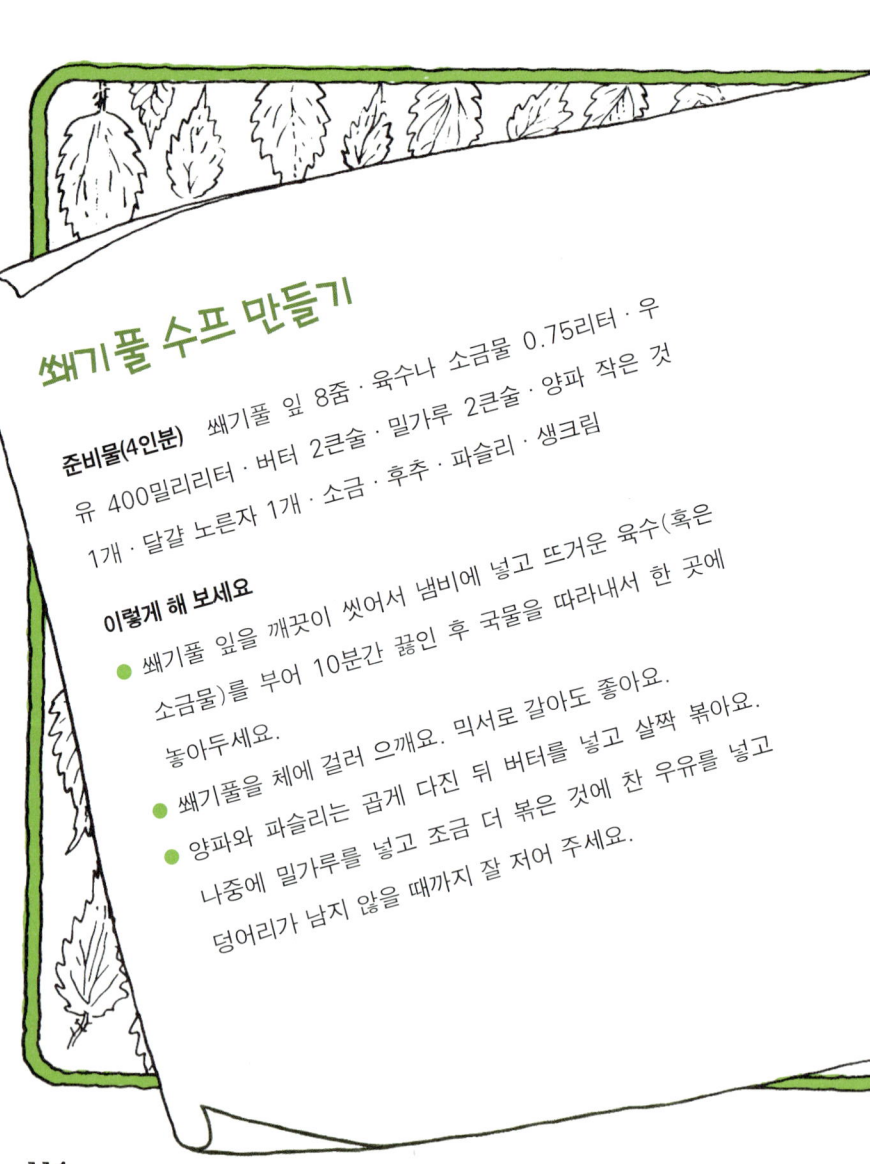

쐐기풀 수프 만들기

준비물(4인분) 쐐기풀 잎 8줌 · 육수나 소금물 0.75리터 · 우유 400밀리리터 · 버터 2큰술 · 밀가루 2큰술 · 양파 작은 것 1개 · 달걀 노른자 1개 · 소금 · 후추 · 파슬리 · 생크림

이렇게 해 보세요

- 쐐기풀 잎을 깨끗이 씻어서 냄비에 넣고 뜨거운 육수(혹은 소금물)를 부어 10분간 끓인 후 국물을 따라내서 한 곳에 놓아두세요.
- 쐐기풀을 체에 걸러 으깨요. 믹서로 갈아도 좋아요.
- 양파와 파슬리는 곱게 다진 뒤 버터를 넣고 살짝 볶아요. 나중에 밀가루를 넣고 조금 더 볶은 것에 찬 우유를 넣고 덩어리가 남지 않을 때까지 잘 저어 주세요.

- 쐐기풀 삶은 물을 넣고 15분간 팔팔 끓이세요.
- 체로 으깬 쐐기풀 죽을 넣고 한소끔 더 끓이세요.
- 소금과 후추로 간을 해요.
- 달걀 노른자에 우유를 약간 섞고 잘 저어 줍니다. 쐐기풀 수프
  를 불에서 내리고 달걀 노른자를 섞은 뒤 저어 주세요.
- 그릇에 담은 뒤 생크림 한 큰술을 떠서 얹어 주세요.

115

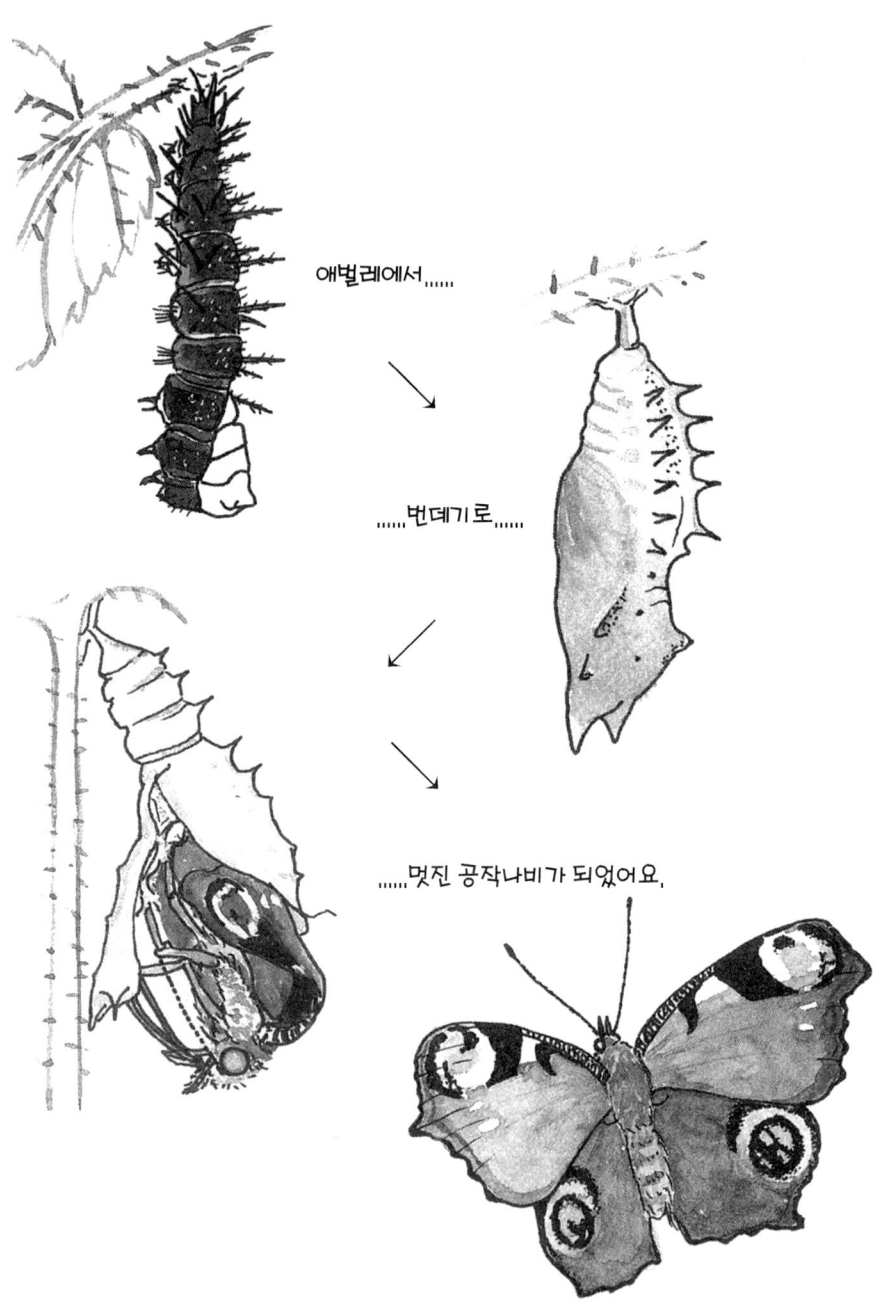

애벌레에서......

......번데기로......

......멋진 공작나비가 되었어요.

116

우리 주변에서 가장 자주 볼 수 있는 예쁜 나비 중에도 쐐기풀을 꼭 필요로 하는 게 있어요. 쐐기풀나비, 공작나비, 산네발나비, 북방거꾸로 여덟팔나비, 작은멋쟁이나비 그리고 큰멋쟁이나비의 애벌레는 꼭 쐐기풀 잎사귀만 먹고 살아요. 그러니까 여러분도 뜰이나 정원에서 예쁜 나비가 날아다니는 걸 보고 싶으면 무턱대고 쐐기풀을 없애 버려서는 안 돼요. 쐐기풀은 화려한 나비들이 아기를 키우는 소중한 요람이니까요. 번데기 고치를 뚫고 나온 나비는 힘차게 날갯짓을 하며 꿀이 가득한 꽃으로 날아간답니다.

이제부터 나비가 좋아하는 꽃밭에 대해 한번 알아볼까요?

아름다운 꽃밭 만들기

　들판에 핀 꽃들이 풍기는 향기와 다채로운 빛깔에 끌려 많은 곤충들이 날아들지요. 이 꽃에서 저 꽃으로 훨훨 날아다니는 나비도 그 중 하나예요. 나비의 날개는 색색의 수많은 비늘가루로 덮여 있어요. 지붕에 기왓장을 차곡차곡 얹어 놓은 걸 본 적이 있지요? 나비 날개의 비늘가루

도 그렇게 촘촘히 포개져 있답니다. 이 수많은 비늘가루가 모여서 나비 날개의 멋진 무늬를 만들어내는 거예요.

나비는 바람이 거의 불지 않는 섭씨 20도에서 25도쯤 되는 날 낮에 가장 활발하게 움직여요. 주둥이에 있는 기관으로 꽃에 있는 꿀과 열매

의 즙을 빨아먹지요. 때로는 나무가 자신의 몸에 난 생채기를 치료하려
고 흘리는 수액을 받아 먹기도 해요. 아마 나비들이 취한 듯 비틀비틀
날아다니는 것을 본 적이 있을 거예요. 왜 그렇게 나는지 궁금하다고요?
그건 식물에서 나온 즙이 발효하면 술처럼 알코올 성분이 생길 때가 있
어서 그런 거예요. 그래서 그걸 마신 나비들이 꼭 이 술집, 저 술집에서
술을 잔뜩 얻어 마신 사람처럼 정신을 못 차리는 거랍니다.

그런데 잘 보세요! 이 술고래 나비의 발에 무언가 달려 있어요. 맞아
요! 꽃가루 알갱이가 붙어 있는 거예요. 나비들은 자기 발에 꽃가루를

밤에 움직이기 좋아하는 나방을
곤충 도감에서 찾아보세요!

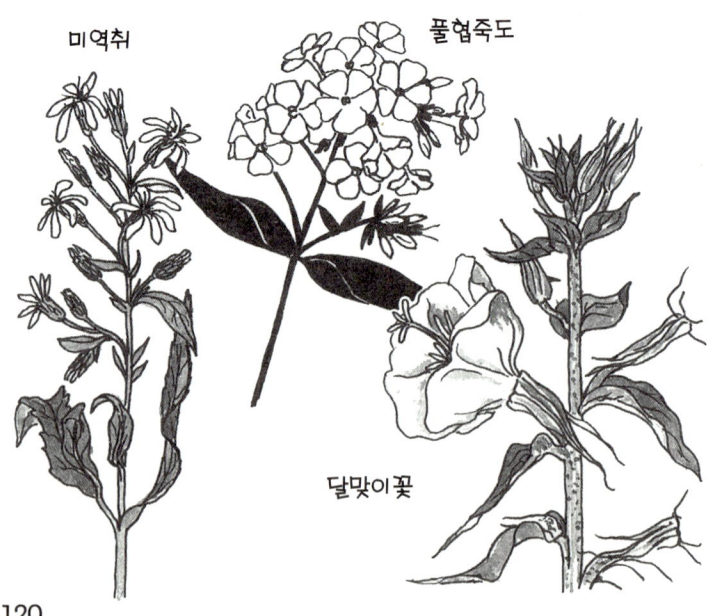

미역취

풀협죽도

달맞이꽃

묻힌 채 다른 집으로 가서 또 음료수를 마셔요. 그리고 이 때 다른 집 꽃
가루끼리 만나 꽃가루받이가 되는 거예요.

인동, 달맞이꽃, 미역취, 쥐똥나무, 풀협죽도 같은 식물은 밤에 꽃을
더 활짝 피워요. 유난히 향기가 짙기 때문에 밤에 움직이기를 좋아하는
재주나방, 밤나방, 박각시들이 어둠 속에서도 냄새를 맡고 찾아오지요.

나방들이 좋아하는 주스 만들기

준비물 꿀 1찻술 · 설탕 1찻술 · 물 · 소금

이렇게 해 보세요

● 잔에 물을 조금 부어 꿀과 설탕을 넣고 녹여요. 소금을 아주 조금만 넣어
서 저어 주세요.

● 완성된 주스를 납작한 접시에 따라 창가에 놓아두세요.

● 조용히 기다리며 관찰하세요. 조금 있으면 나방들이 날아와 맛있게 주스를
마실 거예요.

● 몇 개의 솜 뭉치에 주스를 적셔서 풀숲에 달아 두어도 나방들이 날아와요.

나비와 나방들은 향기만 쫓아다니는 게 아니라 밝은 빛이 있는 곳으로도 모여들어요. 풀밭이나 숲 가장자리에서 나비를 한번 관찰해 볼까요? 나방은 대부분 변장술이 뛰어나요. 밤나방과 나방들은 낮에는 주로 나뭇잎 위에서 잠을 자는데 꼭 비틀어진 나뭇잎처럼 보이는 경우가 많

나비를 유혹하는 빛의 함정

준비물 낡고 넓은 흰 천 · 가스등이나 스탠드 · 주변에 있는 전기 콘센트에 닿을 수 있는 긴 전선 · 천의 절반 길이쯤 되는 긴 막대 2개와 짤막한 막대나 텐트 못 6~7개 · 노끈 · 맥주, 럼주, 설탕을 한데 섞어 만든 시럽이나 당분이 많이 든 백포도주

이렇게 해 보세요

- 긴 막대와 천을 이용해서 삼각 천막을 세우세요.
- 텐트 못이나 짧은 막대를 가지고 천막의 옆자락을 땅에 고정시켜요.
- 불을 켜세요.
- 나방과 나비를 유인할 미끼로 시럽이나 포도주를 천막 위에 바르세요.

이런 방법도 있어요

- 천에 끈을 꿰어 두 그루의 나무 사이에 걸어 두세요. 바람에 심하게 흔들리지 않게 잘 고정시켜요.
- 천 뒤에 불빛을 놓아두고 천에 시럽을 바르세요.

아요. 또 회색가지나방은 나무줄기에 앉아서 쉬는데, 줄기 위에 덮인 이끼 색깔과 날개 색이 똑같아서 눈에 띄지 않아요. 하지만 공기가 오염되어서 이끼가 죽으면 줄기 색깔이 검게 변하게 되겠죠? 그럼 회색가지나방도 검은색으로 옷을 갈아입어요.

밤에 다니는 나방 중에도 선명한 색을 가진 것이 있어요. 주홍박각시는 몸과 날개 전체가 붉은색과 초록색 무늬로 뒤덮여 있어요. 갈색의 줄홍색박각시는 이름처럼 붉은 빛의 띠가 나 있어요.

나비의 탈바꿈 관찰하기

준비물 어항 · 쐐기풀 · 이끼 · 흙 · 낙엽 · 나뭇가지 · 나비 애벌레

이렇게 해 보세요

● 어항에 흙, 낙엽, 이끼 같은 것을 깔고 나뭇가지를 꽂아요.

● 먹이로 쓰일 싱싱한 식물을 놓아두세요. 나비 애벌레들이 잘 먹는 쐐기풀 가지(애벌레가 앉아 있던 식물이 제일 좋아요)를 꺾어 물병에 꽂아 두세요. 식물과 물은 자주 새것으로 갈아 주어야 해요.

● 먹이를 꽂아 둔 물병 입구를 솜으로 막아 두세요. 그래야 이파리를 먹던 애벌레들이 실수로 떨어져도 물에 빠지지 않아요.

● 애벌레를 어항에 넣으세요.

● 거즈나 철망으로 만든 뚜껑을 덮으세요. 이 뚜껑은 열기 쉽게 만들어야 해요.

나비가 고치에서 빠져 나오는 것을 직접 관찰하고 싶은 사람은 참을성을 갖고 기다릴 줄 알아야 하고, 어느 정도 운이 좋아야 해요. 우선 새로 들어올 식구를 위해 유리 어항을 마련하는 것이 첫 번째 순서랍니다.

물

처음 날려니까
벌벌 떨리지?

애벌레는 번데기가 되기 전 네 번에서 다섯 번 가량 허물을 벗어요. 그러려면 푹신한 바닥이나 나뭇가지, 아니면 나뭇잎 같은 것이 있어야 해요. 봄에 번데기가 되는 나비 종류들은 그 해에 탈피를 해요. 하지만 가을에 번데기가 되는 나비는 그 상태로 겨울을 나지요. 집에 데려온 나비가 번데기 상태로 겨울을 날 때는 약간 서늘한 장소에 놓아두고 가끔 물을 뿌려 주는 것이 좋아요. 그럼 봄이 되었을 때 어른이 된 벌레가 고치를 뚫고 나와 날아오를 준비를 할 거예요. 구겨진 날개를 말리려고 훨훨 날갯짓을 하는 아름다운 나비를 보고 싶지 않나요?

그런데 많은 종류의 나비들이 멸종 위기에 있어요. 나방도 그렇지만 특히 낮에 날아다니는 나비가 위험한 상황에 노출되기 더 쉬워요. 사람들이 뿌리는 살충제 때문에 죽기도 하고, 원래부터 살아온 생존 환경이 망가져서 방황을 하기도 해요.

그러나 여러분이 가꾸는 생태 정원 안의 꽃밭에서는 나비들도 안심하고 즐겁게 살아갈 수 있을 거예요.

자, 지금부터 잠깐 추리 극장을 보도록 할까요?

녹색 정원의 모기 사건

얼마 전까지만 해도 한청결 씨의 집은 꼭 도시 한복판 같았어요. 왜냐고요? 이 집에서 사용하는 잔디 깎는 기계는 소리도 엄청나게 컸지만 휘발유를 쓰기 때문에 매연까지 뿜어져 나왔거든요. 지금은 전기로 돌아가는 기계로 바꾸었어요. 그렇다고 나아진 건 별로 없어요. 소리가 훨씬 커졌거든요. 일주일에 한 번씩 이웃들은 그 소리를 들어야 해요. 하지만 법적으로 금지된 일도 아니어서 항의를 할 수도 없어요. 아주 늦은 시간이 아니면 누구나 큰 소리를 내며 잔디를 깎아도 되는 형편이거든요.

이 집의 정원은 모든 것이 녹색 한 가지로 되어 있고 철저하게 깔끔해요. 왜냐고요? 다른 사람들한테 게으르다는 소리를 들어서는 곤란하니까요. 그런 소리를 안 들으려면 쉴 새 없이 일을 해야 하죠. 허리를 굽혀 민들레를 뽑아내는 것도 그것에 포함돼요. 잔디 깎는 기계의 예리한 칼날을 교묘하게 피해간 얄미운 꽃이에요. 또 나무에서 떨어지는 낙엽

127

들을 일일이 긁어모아 버리는 일도 꽤 짜증나는 일이지요. 한청결 씨 집의 깔끔한 창고에 두엄 더미 같은 걸 만들 리 없으니 그 낙엽은 모조리 쓰레기통으로 직행이에요. 덕분에 쓰레기통은 금세 넘쳐나고 말아요.

이런, 이런! 저기 또 데이지가 피었네요. 어서 '잡초 뚝!'이라는 약을 뿌려야겠어요. 저쪽엔 장미 잎에 끔찍한 벌레가 앉아 있어요. '진딧물 뚝!'도 필요하겠군요.

드디어 한청결 씨가 일을 마치고 소파에 앉았을 때는 벌써 해가 뉘엿뉘엿 지는 중이었어요. 그렇게 신경을 곤두세우고 일을 했으니 무척 피곤한 것이 당연하지요. 그런데 이번엔 모기가 극성이군요. '모기 뚝!'을 뿌려야 해요!

"아, 이놈의 모기들! 옆집 병훈이네가 만든 잡초투성이 뜰에서 온 게 분명해!" 방금 또 코 위에 내려앉은 모기 한 마리를 쫓으며 한청결 씨는 이렇게 화를 냈어요. 정말 모기가 병훈이네 정원에서 왔을까요?

해답: 잔디에 쉴 새 없이 물을 주고, 자동차도 닦다 보면 뜰 구석에 구정물이 고이게 마련이지요. 측백나무나 주목 울타리 밑 같은 데 말이에요. 그런 웅덩이에서는 금세 모기가 자라나요. 그런데 이렇게 깔끔하게 정리해 놓은 정원에는 모기를 잡아먹을 천적이 하나도 살지 않아요. 새, 개구리, 두꺼비가 먹을 것이 없을 뿐더러 몸을 숨기거나 둥지를 틀 공간이 없기 때문이에요. 자꾸만 뿌려대는 살충제 때문에 있고 싶어도 살지 못하는 거예요. 그러니 모기들이 어려움 없이 활개를 치고 돌아다닐 수 밖에요.

알아두세요: 생태 정원에서는 지붕에서 홈통을 타고 흘러내리는 빗물을 받아 두었다가 식물들에게 주기도 하지요. 그런데 한 가지 조심할 것이 있어요. 비가 오지 않다가 오랜만에 내리는 첫 빗물을 식물에게 주어서는 안 돼요. 왜냐하면 며칠 동안 지붕에 쌓인 먼지와 온갖 중금속 따위가 빗물에 함께 쓸려 내려오기 때문이에요. 이 물에는 공기중에 있는 더러운 물질들이 많이 녹아 있어요. 그래서 처음 물은 버리고 어느 정도 비가 온 후의 깨끗한 물만 식물에게 주어야 해요.

재미있는 생태 정원 만들기
●●●●●●●●●●●●●●●●●●

주말마다 자로 잰 듯 짤막하게 깎아 놓은 잔디를 보았나요? 참 재미없고 따분하게 생겼죠? 그런 곳에서는 살아 움직이는 동물이나 다양한 식물이 살지 못해요. 심지어 그런 잔디밭은 시장에 가서 돈을 주고 사올 수도 있어요. 공장에서 만든 양탄자를 사듯이 말이에요. 그런 잔디밭은 겉으로는 빽빽하고 잡초 하나 없이 깔끔해 보이지만 사실은 화학 비료와 살충제를 엄청나게 쏟아 부어 생긴 거랍니다.

쿨럭쿨럭

이번 주엔 벌써 두 번이나 깎았어. 뭐, 깨끗한 정원을 위해서라면 이 정도쯤이야!

하지만 자연 그대로의 풀밭은 1년에 딱 두 번만 손질을 해 주면 돼요. 여름이 시작되는 무렵과 9월 말쯤이에요. 그 때 풀을 베면 꽃이 상하지도 않고 종자를 해칠 염려도 없어요. 마음 놓고 씨앗을 땅에 뿌린 식물들은 다음 해면 더욱 풍성하게 자라나지요. 풀밭을 손질할 때는 낫으로 하는 게 제일 좋아요. 잔디 깎는 기계는 키와 성질이 제각각인 풀과 나무를 소화할 수 없어요. 여러분은 절대로 직접 낫질을 해서는 안 돼요. 낫은 어른들만 쓰는 거랍니다. 강철로 된 칼날과 긴 나무 손잡이를 부드럽게 움직이려면 꽤 연습이 필요하거든요. 그래야 다치지 않고 안전하게 풀을 벨 수 있어요.

여러분이 재미없는 잔디밭이나 공터를 꽃과 생명이 가득한 풀밭으로 바꾸고 싶다면 꽤 참을성을 갖고 기다려야 해요. 커피 믹스를 뜨거운 물에 붓기만 하면 마실 수 있듯이 '꽃씨 믹스'를 사서 뿌리기만 하면 꽃밭이 생길 거라고 믿는 건 아니겠지요? 실제로 다양한 종류의 식물과 동물이 살아갈 수 있는 생물 낙원은 보통 5년에서 10년에 걸쳐 만들어져요.

그리고 그 과정에서 사람이 해 줄 수 있는 일도 조금이지만 있긴 있어요. 햇볕이 잘 드는 자리의 잔디를 들어내고 그 곳에 모래와 자갈을 깔아 주세요. 얼마 지나지 않아 이 곳에서 멋진 들풀들이 저절로 자라날 거예요. 그런 식물들은 약간 메마른 땅에서 더 많은 양분을 흡수하면서 사니까요.

식물의 씨앗은 바람에 실려 다니거나 새의 배설물로만 옮겨지는 것이 아니에요. 사람 발이나 동물 발에 묻어서 여러분 집의 뜰까지 오기도 해요. 신발 밑창이나 동물 발이 축축한 경우라면 훨씬 더 잘 붙어 있겠죠? 진짜 여러분 발에 붙어 씨앗이 따라오는지 한 번 실험해 볼까요?

풀을 베고 나면 한 곳에 건초를 쌓아 두지요? 그 건초 더미에서 씨를 쓸어 담는 것도 좋은 방법이에요. 아니면 산책을 나갔다가 들에 핀 나무쑥갓, 미나리아재비의 씨를 받아올 수도 있어요. 씨가 잘 익었는지 살펴보고 손으로 털어서 작은 주머니에 담아 오면 돼요.

정원이나 뜰을 정리할 때는 한꺼번에 전체를 다 베어서는 안 돼요. 그럼 그 속에 살던 동물들이 갈 곳을 잃고 어쩔 줄 몰라 하거든요. 그럴 땐 우선 반쪽만 풀을 베고, 3주일 정도 지난 뒤에 다시 나머지 반을 베는 것이 좋아요. 그래야 동물들이 환경 변화에 적응할 수 있는 여유가

신발 아래에 숨은 풀밭

이렇게 해 보세요

- 오븐에 흙 한 접시를 넣고 뜨겁게 데우세요. 흙 속에 들어 있던 식물의 씨앗이 모두 죽을 거예요. 이런 걸 무균 상태라고 해요.
- 산과 들로 산책을 나갔다 오세요. 그 때 신은 신발에 묻은 흙먼지를 무균 흙 위에 긁어내세요.
- 흙 위에 물을 뿌려요.
- 유리판으로 접시를 덮으세요.
- 햇볕이 잘 드는 환하고 따뜻한 장소에 놓아두세요.

14일 정도가 지나면 흙에서 식물 싹이 돋아나기 시작할 거예요. 자, 거기서 어떤 식물이 생겨날지 궁금하지 않으세요?

생겨요.

꽃이 핀 풀밭에는 갖가지 색과 냄새가 넘쳐흐르지요. 산형 꽃차례로 피는 어수리 꽃대 하나에도 보통 10가지 이상의 동물이 먹이 사슬을 이루며 살고 있어요. 딱정벌레, 꽃등에, 말벌, 꿀벌, 나비가 대표적인 곤충이지요. 귀뚜라미와 메뚜기도 쓰르륵쓰르륵 경쾌한 소리를 내며 풀밭 속이나 흙 위를 뛰어다녀요.

반딧불이

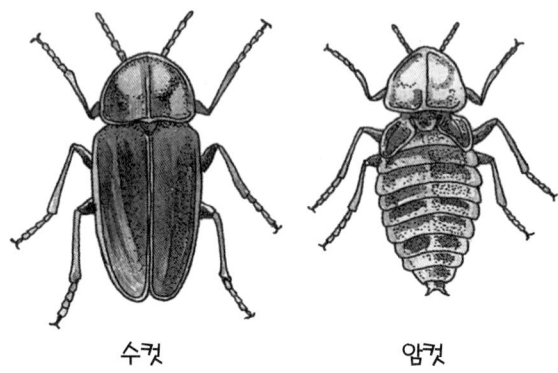

수컷   암컷

　따뜻한 여름밤이면 어둠 속에서 반짝이는 조그만 불빛을 본 사람이 있을 거예요. 잘못 봤나 눈을 비비지 마세요! 바로 개똥벌레, 즉 반딧불이가 날아다니는 것을 본 거니까요. 반딧불이 암컷은 풀잎이나 나뭇잎, 땅바닥에 앉아서 꼬리를 이리저리 흔들며 환한 초록색 빛을 뿜어내요. 배 밑에는 빛을 내는 4개의 마디가 있어서 이 곳에 불을 켜서 수컷을 유혹하지요. 만약 어디선가 훼방꾼이 나타났다거나 개구리 같은 천적이 다가온 낌새가 느껴지면 재빨리 불빛을 꺼요.

　반딧불이는 뜰의 여름밤을 멋지게 장식해 주는 일만 하는 건 아니에요. 반딧불이가 좋아하는 먹이에는 달팽이도 포함되어 있어요. 반딧불이는 우선 달팽이의 몸을 마비시킨 뒤에 잡아먹는답니다. 여러분이 가꾼 채소를 먹어 버리는 달팽이가 무한정 늘어나지 않게 도와주는 동물이 생각보다 많지요?

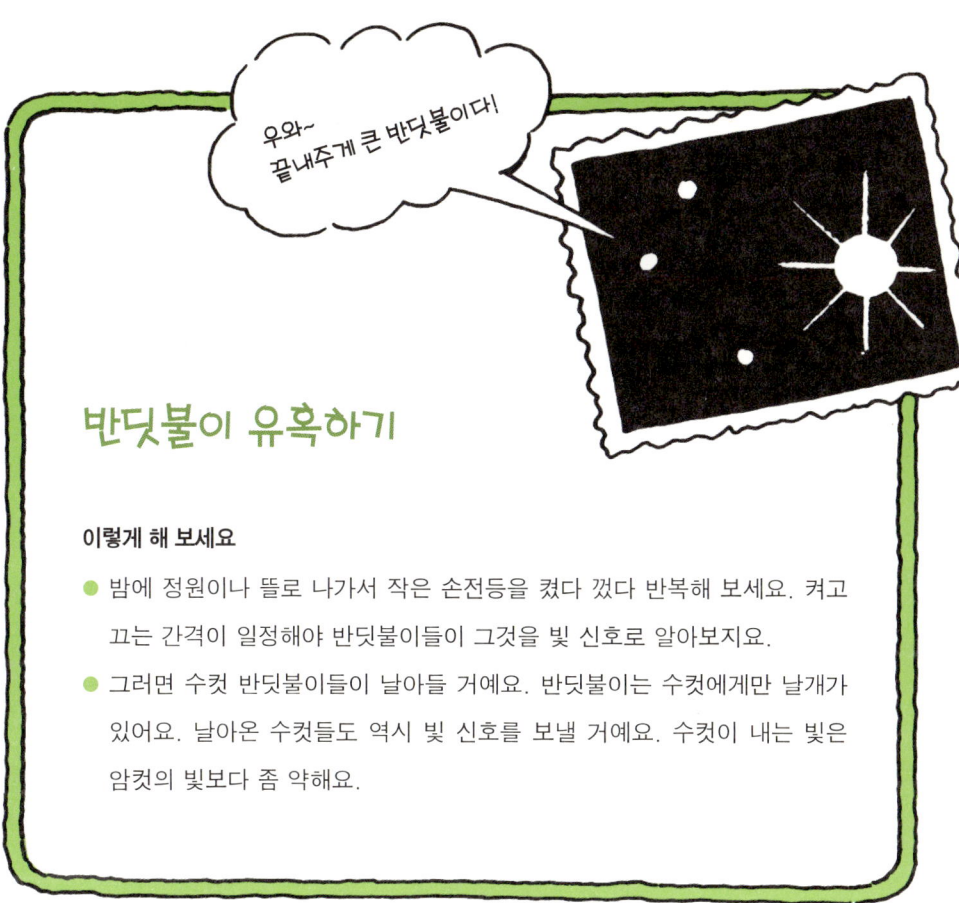

우와~
끝내주게 큰 반딧불이다!

반딧불이 유혹하기

이렇게 해 보세요

● 밤에 정원이나 뜰로 나가서 작은 손전등을 켰다 껐다 반복해 보세요. 켜고
끄는 간격이 일정해야 반딧불이들이 그것을 빛 신호로 알아보지요.

● 그러면 수컷 반딧불이들이 날아들 거예요. 반딧불이는 수컷에게만 날개가
있어요. 날아온 수컷들도 역시 빛 신호를 보낼 거예요. 수컷이 내는 빛은
암컷의 빛보다 좀 약해요.

달팽이를 좋아하는 또 다른 밤 사냥꾼이 있어요. 맞아요, 우리가 앞
에서도 살펴본 고슴도치예요. 밤에 손전등을 들고 정원이나 뜰을 관찰
하다 보면 달팽이가 많이 있는 채소밭으로 가기 위해 천천히 기어가는
고슴도치를 발견할 수 있지요.

땅 위뿐만이 아니에요. 밤이 되어도 하늘엔 분주히 날아다니는 동물
들이 많아요. 바로 나방을 잘 잡아먹는 박쥐예요. 하늘을 제대로 나는
포유류는 박쥐가 유일하지요. 박쥐의 날개는 새처럼 깃털이 달린 게 아

긴귀박쥐예요. 검은토끼박쥐라고도 해요. 성질이 사나워 다른 박쥐들
과 자주 싸운대요.

니라 앞다리가 진화하면서 변형된 거예요. 엄지발가락을 제외한 모든
발가락이 길어졌고 피부가 변해서 생긴 비막(飛膜)에 의해 서로 연결되
어 날개가 되었답니다.

　코와 주둥이, 귀를 뺀 몸통 부분은 털로 덮여 있어요. 집박쥐속 중에
는 날개를 접으면 성냥갑 안에 들어갈 만큼 작은 박쥐도 있어요. 박쥐
중에는 몸통만 재면 7센티미터 정도인데 날개를 활짝 펴면 43센티미터
나 되는 것도 있어요.

　한 치 앞도 보이지 않는 칠흑 같은 어둠 속에서도 박쥐는 무척 정확
하게 먹이를 사냥한답니다. 박쥐한테는 초음파를 감지할 수 있는 탐지
능력이 있기 때문이에요. 갑자기 방향을 확 바꾸기도 하고, 위에서 아래
로 멋진 수직 강하를 시도하기도 해요. 박쥐는 큰 귀로 아주 작은 나방
의 미세한 움직임까지도 포착할 수 있어요.

겨울이 되면 박쥐는 동굴이나 다락, 교회 탑 꼭대기 같은 곳에서 잠을 자요. 여러 마리가 한꺼번에 거꾸로 매달려 휴식을 취해요. 박쥐가 겨울잠을 잘 때는 최대한 조용히 해야 해요. 중간에 잠을 깨면 체력이 너무 많이 손실되어 겨울을 이겨내지 못하고 죽는 일도 있으니까요. 박쥐들이 집 안이나 건물 안에 겨울잠을 자는 장소를 선택했다면, 박쥐가 매달려 있는 자리 밑에 신문지나 비닐을 깔아 두세요. 봄이 되어 박쥐들이 다시 밖으로 나가고 난 뒤에는 바닥에 떨어진 박쥐의 배설물을 모아 두엄 더미에 버리면 돼요.

여름에는 나무 구멍이나 갈라진 나무 껍질 사이, 아니면 박새 둥지나 딱따구리가 파 놓은 구멍에 기어 들어가 살기도 해요. 박쥐가 살기 좋게 여름 별장을 지어서 양지바른 곳에 걸어 주세요. 아마 여러분 뜰 주변에 사는 박쥐가 무척 기뻐할 거예요.

새집 만들기

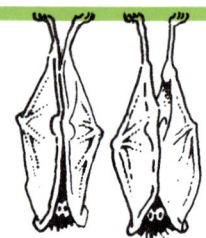 

　요즘에는 박쥐를 보기가 아주 힘들어요. 사람들이 사는 곳 주변에서는 먹이를 구하기가 쉽지 않거든요. 깔끔하게 정리된 정원에서는 다양한 곤충들이 살 수 없어요. 게다가 사람들이 과일을 딸 수 있는 키 작은 나무들만 주로 심다 보니 박쥐가 집을 짓고 살 만한 굵고 튼튼한 줄기도 찾기 어려워졌어요. 그뿐인가요. 해충을 잡겠다고 뿌려대는 살충제와 식물 보호제라는 이름의 농약들 때문에 동물들이 점점 살기 힘들어졌어요.

　만약 농약이 묻은 먹이를 먹으면 독 물질이 박쥐의 피하 지방에 달라붙어요. 박쥐들은 가을까지 먹이를 배불리 먹고 겨울이 되면 겨울잠에 들어간다고 했지요? 잠이 들었을 때 생명을 유지하기 위해 사용하는 것이 바로 이 피하 지방이에요. 그런데 겨우내 박쥐가 잠을 잘 동안 지방

금눈쇠올빼미. 올빼미 중에서 가장 작아요. 깊은 숲속에서는 살지 않고 마을 주변에 살며 쥐 같은 동물을 잡아먹기 때문에 이로운 새로 볼 수 있어요.

이 점점 소모되면 상대적으로 몸속에 들어 있는 독약 농도가 훨씬 증가하게 되지요. 결국 체력이 떨어진 박쥐는 그 독을 이기지 못하고 죽고 마는 거예요.

박쥐와 곤충이 사라져 가면서 이 동물들을 먹고 사는 또 다른 야행성 동물들도 살아남기 힘들어졌어요. 바로 금눈쇠올빼미와 수리부엉이 같은 새들이에요.

하지만 이런 올빼미과의 맹금류뿐만 아니라 곤충을 잡아먹고 사는 새들 모두가 생명의 위협을 받고 있어요. 살충제도 문제이지만 새들이 집을 짓고 살던 오래된 나무를 마구잡이로 베어 버렸기 때문이에요. 여러분이 만약 살 집을 마련해 준다면 새와 박쥐도 다시 우리 곁으로 찾아올 거예요. 그럼 지금부터 날짐승들의 보금자리를 만드는 방법을 알아보기로 할까요?

박쥐 별장 지어 주기

박쥐의 둥지를 지을 재료를 고를 때는 혹시 방충제가 발라져 있는지 잘 살펴 보세요. 그런 약품 역시 박쥐한테는 큰 해를 끼치거든요. 박쥐 둥지는 여러 개를 만들어서 가까운 장소에 모아 걸어 두세요. 박쥐들은 무리 지어 사는 걸 좋아해요. 게다가 집이 여러 개 모여 있어야 혹시 그 중 한두 곳에 새들이 들어와 산다 해도 박쥐가 방황하지 않고 옆집으로 갈 수 있어요.

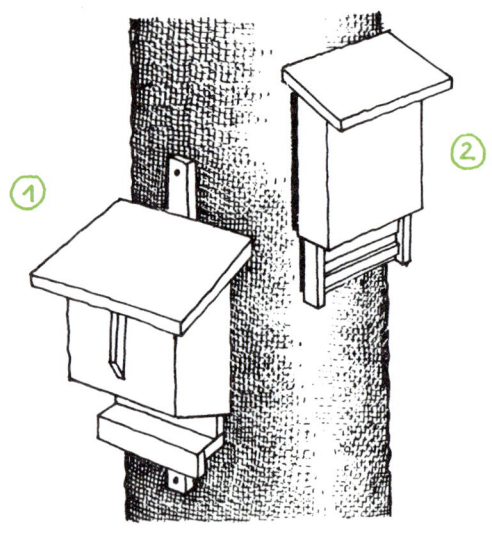

① 이건 좀 불룩하게 생긴 박쥐집이에요. 앞 뚜껑은 돌릴 수 있는 못으로 고정해서 열 수 있게 만들어요. 판자가 어느 정도 두꺼워야 하고, 바람이 들어오지 않도록 틈새를 잘 메워 주세요.

② 이번엔 조금 납작한 박쥐집이지요? 박쥐집을 청소해 줄 때는 받침 판자의 나사못을 돌려 떼어내야 해요.

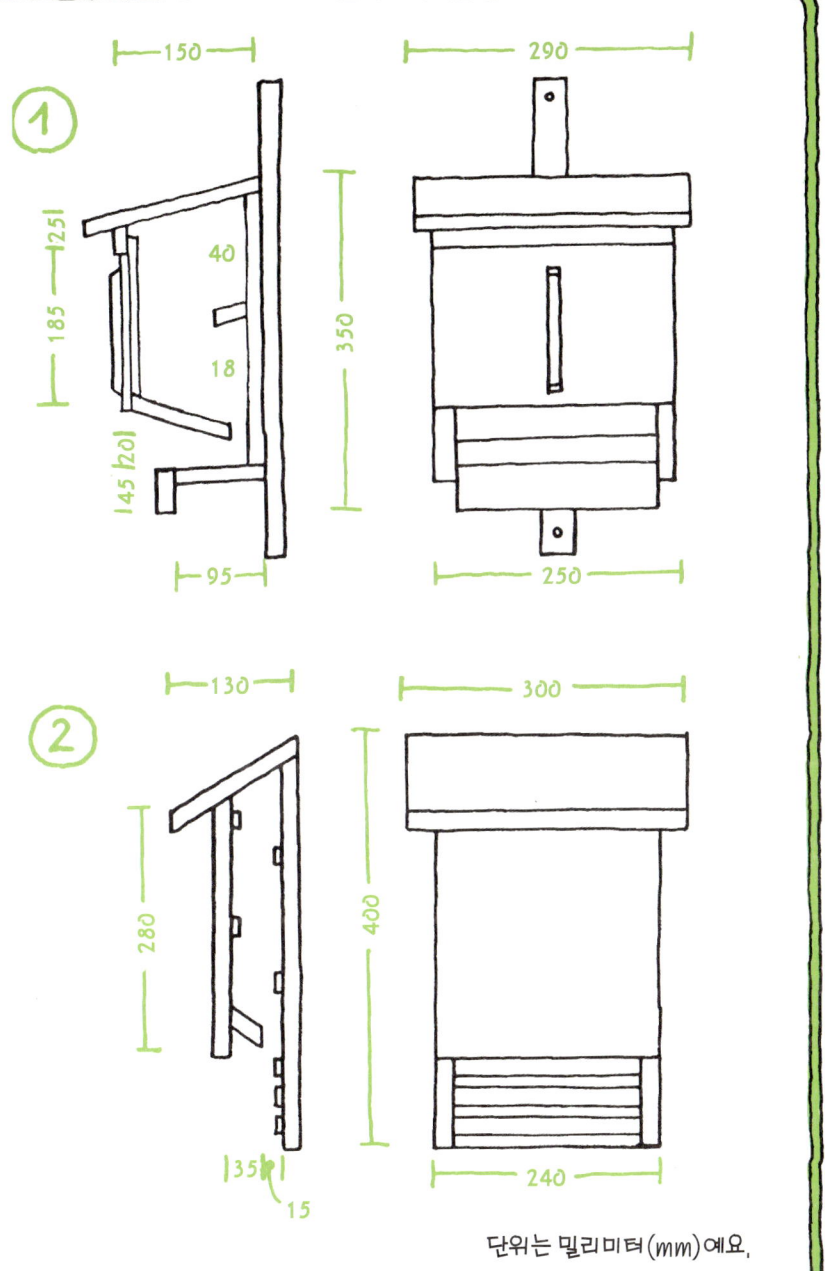

① 150 290 125 185 40 350 18 145 (깊이) 95 250

② 130 300 280 400 35 15 240

단위는 밀리미터(mm)예요.

딱새, 굴뚝새, 유럽울새는 담장이나 건물 벽, 나무줄기에 둥지를 지어요. 주로 입구가 훤하게 열린 모습인데, 그 곳에 알을 낳고 새끼를 키우지요. 담쟁이덩굴이 벽에 빽빽하게 자라 있다면 비를 막는 구실을 해 줄 거예요.

?!

기둥에 새집을 만들었을 때는 고양이가 올라가지 못하게 양철로 갓 모양의 차단 장치를 달아 주세요.

입구가 넓은 새집 지어 주기

참새 집 빗물 막이로 쓰인 홈통

제비집 지어 주기

제비는 원래 축축한 진흙을 이어 붙여서 둥지를 만들어요. 그런데 집 지을 재료가 없어서 곤란할 때가 많아요. 요즘엔 흙으로 된 길도 없고 시골에 가도 온통 아스팔트로 뒤덮여 있으니까요.

제비 둥지는 집 바깥벽 처마 밑에 지어 주는 것이 좋아요. 둥지의 위치는 적어도 땅에서 3미터는 올라온 곳이어야 해요.

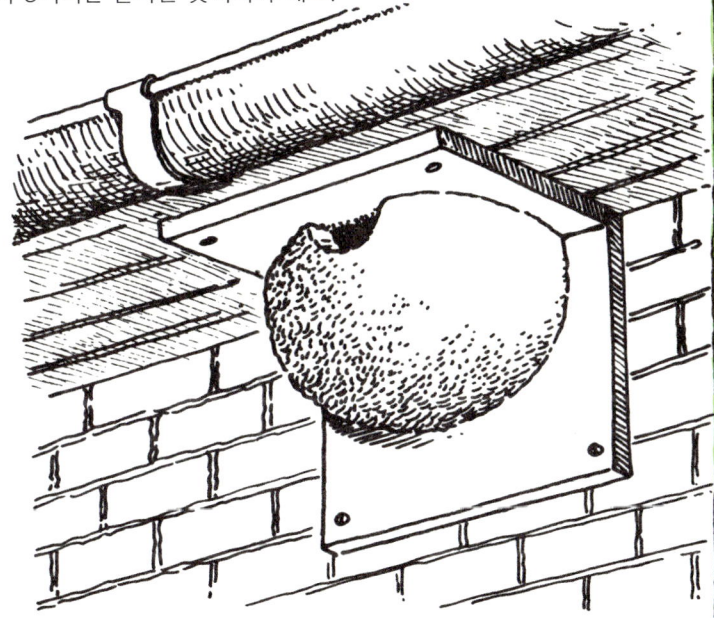

여러분은 진흙 대신 종이 찰흙을 사용해서 제비 집을 지어 주세요. 모양이 완성되면 래커를 칠하고 처마 바로 밑에 잘 고정시켜 주세요. 주변 벽에 덩굴 식물이 자라지 않고 땅에서 3미터 높이에 있는지 확인하세요. 비슷한 둥지를 주위에 여러 개 달아 두세요.

박새 둥지 만들기

준비물 널빤지 한 개(길이 165센티미터, 너비 15센티미터, 두께 18밀리미터쯤) · 아교 · 나사 못 · 놋쇠 경첩 한 개

출입구의 지름:
29밀리미터

그림에 적힌 크기대로 널빤지를 자르세요. 각 부분을 나사 못으로 붙인 뒤 아교를 발라서 틈을 막아 주세요. 뒷면에는 나무에 걸 수 있도록 받침대를 붙여요. 뚜껑은 맨 나중에 경첩으로 연결하세요.

아교

이렇게 해 보세요

● 완성된 새집을 나무줄기에 달아요. 단, 새가 드나드는 구멍이 약간 땅 쪽으로 기울어야 해요. 그래야 집 속으로 빗물이 들이치지 않아요.

● 새집은 늦어도 가을이 지나기 전에는 달아 주어야 해요. 그래야 집주인인 새들이 겨울이 닥치기 전에 천천히 적응할 수 있어요.

● 부화기가 끝나면 집 청소를 말끔하게 해 주세요. 어떤 새들은 1년에 두 번 새끼를 낳아 키우기 때문에 가을에 청소를 하는 것이 적당해요.

늦가을에는 정원이나 뜰에 사는 다른 동물들이(이를테면 나비 같은 곤충들) 여러분이 걸어 놓은 새 둥지로 겨우살이를 하려고 이사 오기도 한답니다.

겨울에 남쪽으로 날아가지 않는 텃새들은 늘 먹을 것이 부족한 형편이지요. 여러분이 직접 맛있는 모이를 마련해 주세요. 이름하여 모이 자동 공급 장치!

모이 자동 공급 장치 만들기

빵이나 밥, 음식 찌꺼기를 주어선 안 돼요. 물도 주지 마세요.

모이로는 해바라기 씨앗, 좁쌀, 기장 같은 곡식 낟알이나 씨앗이 좋아요.

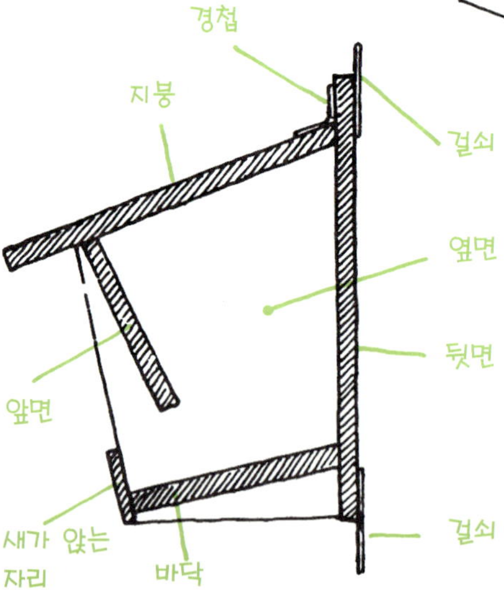

경첩

지붕

걸쇠

옆면

뒷면

앞면

새가 앉는 자리

바닥

걸쇠

새똥이 모이통 안으로 들어가지 않으니까 모이가 썩거나 병균이 생길 염려가 없어요.

준비물 널빤지(두께 20밀리미터, 길이 120센티미터, 너비 25센티미터) · MDF(나무섬유로 만든 목재)판자(길이 200밀리미터, 넓이 55밀리미터) · 걸쇠와 나사 못 · 20센티미터 길이의 가느다란 경첩 · 지붕 만들 때 쓰는 타르종이 · 못 여러 개 · 연장

2×

각 부분을 크기에 맞게 잘라서 아래 그림처럼 짜 맞추세요. 바닥은 뒤에서 앞으로 경사지게 붙여야 해요. 그래야 모이가 앞쪽으로 흘러내릴 수 있어요. 지붕이 될 부분에서 뒷면과 맞닿을 부분을 약간 비스듬히 잘라 주세요. 그래야 경첩으로 이었을 때 지붕이 자연스럽게 경사를 이루니까요.

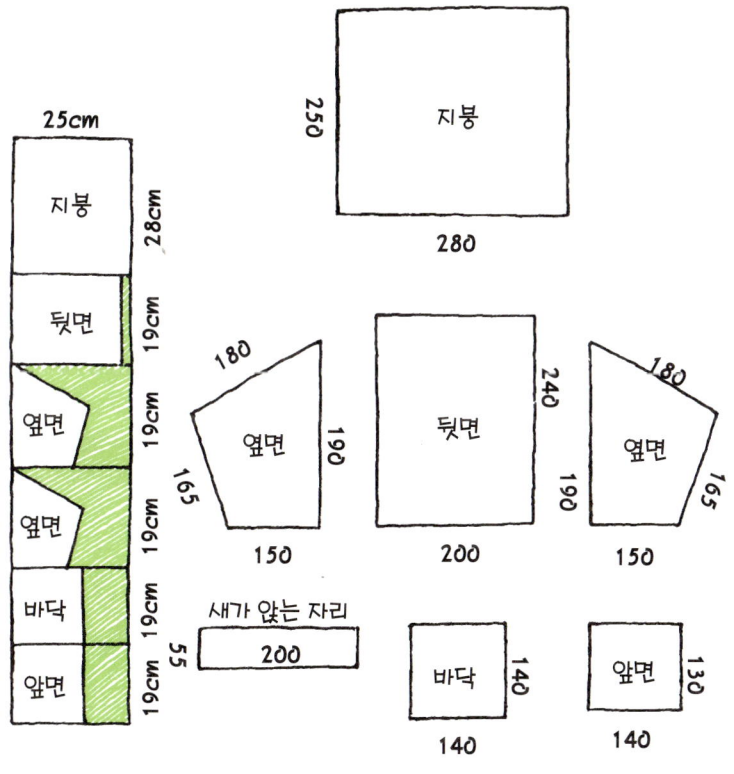

곤충을 먹이로 하는 새들은 사료 가게에서 거저리 애벌레 (밀웜)를 사다가 주어도 되고, 직접 벌레를 키울 수도 있어요. 거저리 애벌레를 잡아다 질그릇에 넣은 뒤 밀가루, 겨, 먹다 남은 빵 조각을 넣어 주세요. 아니면 다음에 소개되는 것처럼 새 모이를 직접 만들 수도 있어요.

기장

겨

새 모이 만들기

준비물 굳은 쇠기름 · 겨 · 해바라기 씨 · 기장

이렇게 해 보세요

● 쇠기름을 냄비에 넣고 불에 올려요.

● 기름이 걸쭉하게 녹으면 같은 양의 겨를 넣고 잘 저어 주세요.

● 해바라기 씨와 기장을 섞어 주세요.

● 양철 깡통이나 밑이 막힌 화분에 부어요.

● 내용물이 식어서 완전히 굳으면 모이통에 넣어 주거나 나뭇가지나 수풀 사이에 걸어 두세요.

뜰에는 동물들이 많이 사니까 고양이를 풀어놓아서는 안 돼요. 하지만 고양이들도 야채를 먹고 싶을 때가 있어요. 위를 청소하는 데에 식물이 도움이 되거든요. 그럴 땐 여러 가지 곡식이나 씨앗이 섞인 새 모이를 흙에 심어서 조그만 정원을 만들어 주세요.

겨우내 새들이 먹을 모이와 둥지를 마련해 준다면 나무 근처에서 살

고양이를 위한 먹이 정원

준비물 못 쓰는 프라이팬이나 넓적한 냄비, 혹은 우묵한 접시 · 정원이나 뜰의 흙, 조약돌 · 가게에서 산 씨앗으로 된 새 모이 · 작은 쪽지와 성냥개비

이렇게 해 보세요

● 프라이팬의 맨 위에서 1센티미터를 남겨 두고 흙을 채우세요.

● 씨앗 종류에 따라 새 모이를 분류하세요.

● 분류한 씨앗을 자리를 나누어 뿌려요. 씨앗의 구역을 조약돌로 구분하세요.

● 쪽지 위에 투명 테이프로 종류별로 하나씩 씨앗을 붙이세요. 뒷면에는 성냥 개비를 붙여서 팻말처럼 만든 뒤 구역마다 꽂아 두세요.

● 몇 주 동안 흙과 씨앗 위에 물을 뿌려 가면서 관찰하세요. 어떤 씨앗에서 어떤 식물이 자라나는지 잘 눈여겨보세요.

아가는 동물들을 도와주는 셈이에요. 새들이 안심하고 이사를 올 테고 박쥐들도 모습을 드러낼 거예요. 그런데 나무뿐만 아니라 땅 근처에 사는 생물들한테도 여러분이 돕고 관찰할 일이 많아요. 조금 지저분하다고 눈에 보이는 대로 없애고 정리하면 다양한 생물들이 살 수 없어요. 우리가 별 생각 없이 치워 버리는 것에도 여러 생물들의 생활 터전이 숨어 있는 경우가 많답니다.

생명을 기르는 흙

여기 쓰러진 나무의 그루터기가 있네요. 죽은 나무이니까 볼 필요 없다고 지나치지 말고 잠깐 살펴보기로 할까요?

안쪽에 파인 구멍에 딱따구리가 둥지를 틀었군요! 갈라진 틈새에는 곤충들이 낳아둔 애벌레가 기어다녀요. 딱따구리는 그것을 맛있게 잡아먹지요. 말라 버린 고목의 밑둥치나 땅에 떨어진 나뭇가지에서는 이끼, 포자 식물, 쐐기풀이 잘 돋아나요. 때로는 우리가 맛있게 먹는 버섯이 자라나기도 해요.

이런 곳은 사시사철 먹을 것이 풍부하고 집을 짓기도 좋기 때문에 동물들도 많이 살아요. 달팽이, 딱정벌레, 쥐며느리, 지네는 쓰러진 고목에 붙어서 여기저기 부지런히 갉아먹고 파먹으면서 서서히 분해해요. 이렇게 부서진 나무 찌꺼기는 다시 작은 미생물들의 먹이가 된답니다. 죽은 나무둥치가 땅을 기름지게 하는 거름이 되는 거예요. 어때요? 죽은 나뭇가지나 줄기도 알고 보면 생태계 안에서 든든히 한몫을 한다는 것을 알겠죠?

땅속 생물들의
생명 공장

이런 분해 과정은 두엄 더미에서 가장 잘 관찰돼요. 두엄은 정원이나 밭의 생명력을 키워 주는 밑거름이지요. 낙엽, 부러진 나뭇가지, 건초, 동물의 배설물을 모아 놓은 두엄은 작은 동물들의 활동으로 잘게 쪼개져요. 그리고 그것을 박테리아, 곰팡이 따위의 미생물들이 더 조그맣게 분해하면 식물들이 섭취할 수 있는 영양소로 바뀌는 거예요.

땅속에서 일하는 일꾼들이 어떤 생물인지 알고 싶나요? 그럼 숲이나 정원에서 흙을 퍼다가 어두운 것을 좋아하는 성질을 이용해 유인해 보세요. 어떤 것은 그냥 눈으로도 볼 수 있지만, 어떤 것은 돋보기를 이용해야 해요. 곰팡이균이나 박테리아를 보려면 현미경이 있어야 하고요.

두엄 속 생물 관찰하기

준비물 뚜껑이 있는 종이 상자 · 상자 안쪽에 붙일 검은색 종이 ·
구멍이 작은 체 · 깔때기 · 받침으로 쓸 흰 접시 · 전등불

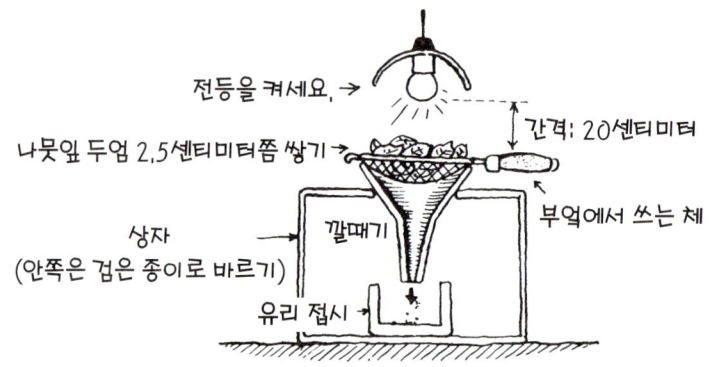

전등을 켜세요. →

나뭇잎 두엄 2.5센티미터쯤 쌓기 →

간격: 20센티미터

부엌에서 쓰는 체

상자
(안쪽은 검은 종이로 바르기)

깔때기

유리 접시

이렇게 해 보세요

● 어느 정도 썩은 두엄 더미의 위아래에서 조금씩 두엄을 덜어 오세요.

● 덜어 온 두엄을 체에 담아요.

● 깔때기 위에 체를 얹고, 상자에 뚫어 놓은 구멍에 깔때기를 꽂아요. 상자
  의 구멍을 너무 크게 뚫으면 빛이 새어 들어가기 때문에 크기를 잘 맞춰서
  종이를 잘라야 해요.

● 두엄 위에 등불을 켜 두세요.

땅속 생물들은 전등에서 나오는 빛과 열을 싫어해요. 그래서 체를 지나고
깔때기를 통과해 밑에 받쳐둔 그릇으로 내려갈 거예요. 그릇을 꺼내 자세
히 살펴보면 어떤 생물이 두엄 속에 살고 있는지 관찰할 수 있겠죠?

하지만 두엄 더미와 흙 속에서 가장 부지런하고 성실하게 일하는 일꾼은 뭐니뭐니 해도 지렁이에요. 지렁이들은 최대 2미터 아래까지 땅속을 파고 들어갈 수 있어요. 하지만 지렁이가 제일 많이 구멍을 뚫으며 돌아다니는 곳은 지표면에서 그다지 깊지 않은 곳이에요. 바로 대부분의 식물들이 뿌리를 내리고 있는 곳이지요.

지렁이들이 흙을 파먹으면서 만들어 놓은 길 때문에 땅속에 공기가 통하고 빗물도 잘 스며들어요. 지렁이는 입으로 흙을 먹고 나서 다시 몸 밖으로 배설해요. 이 때 흙 속에 들어 있는 유기물과 무기물이 한데 합쳐진 상태로 나오게 되지요. 따라서 지렁이가 뱉은 흙은 식물이 자라는 데 가장 알맞은 부식토인 셈이에요. 지렁이 한 마리가 내뱉는 부식토가 1년에 500그램이나 된대요. 1제곱미터의 땅을 기름지게 하는 데는 지렁이가 300마리 가까이 필요해요. 지렁이가 일하는 장면을 여러분도 직접 구경할 수 있어요.

자연탐험을 좋아하는 병훈이가 지렁이를 관찰하고 있네요, 그런데 이렇게 하는 것보다 더 좋은 방법이 있어요!

지렁이 관찰 상자

준비물 투명 아크릴 2장(30×40센티미터)·3센티미터 두께의 튼튼한 각목
(방충제가 묻어 있지 않은 것)·나사 못·종류와 색깔이 다른 흙(어두운 색
과 밝은 색 흙)·썩은 나뭇잎, 가지, 껍질·지렁이(최대 10마리)

이렇게 해 보세요

● 각목으로 바닥과 옆을 만들고, 투명 아크릴을 양 옆에 붙여서 그림처럼 위
  가 열려 있는 상자 모양을 만드세요.

● 흙의 종류를 번갈아가며 한 층 한 층 쌓아요. 한 층의 두께는 3~5센티미
  터가 적당해요. 맨 위에는 나뭇잎과 껍질 같은 것을 얹어요.

● 물을 조금씩 흘려주어 흙을 촉촉하게 적신 다음 지렁이를 위에 얹어요.

● 관찰 상자를 진한 색 천으로 덮어 두세요.

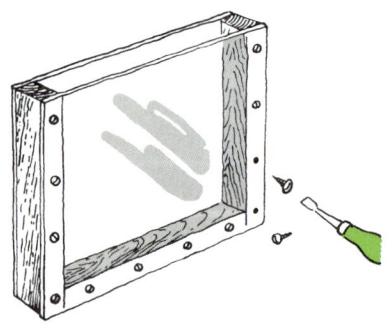

지렁이는 밝은 곳과 건조한 땅을 몹시 싫어해요. 지렁이가 밖으로 나오
는 때는 밤이나 새벽녘뿐이에요. 식물 찌꺼기를 끌고 들어갈 때라든지,
플랑크톤을 먹을 때, 번식을 할 때만 밖으로 나오지요. 혹은 비가 너무
많이 와서 자기들이 사는 굴 속이 물로 넘쳐날 때도 숨을 쉬기 위해 나
와요. 그래서 비가 오면 지렁이가 많이 보이는 거예요.

지렁이가 땅속에서 안전하게 살게 해 주려면 뜰을 낙엽이나 마른 풀 같은 것으로 잘 덮어 주어야 해요. 땅을 팔 일이 있어도 삽보다는 날이 성긴 갈퀴를 사용해야 지렁이가 다치지 않아요. 요즘은 지렁이를 비롯하여 박테리아, 톡토기 같은 땅속 생물들이 갖가지 농약 때문에 위험에 처해 있어요. 살충제는 진딧물과 달팽이를 죽이고 나서 사라지는 게 아니라 땅속으로 스며들어 몇 년 동안 흙에 남아 있어요. 농약을 맞은 식물이나 동물은 주변까지 오염시키기 때문에 절대 두엄 더미에 넣어서는 안 돼요.

그림에서 보는 두엄 상자는 나무 기둥 몇 개와 널빤지를 이용해서 쉽게 만들 수 있어요. 두엄 상자는 그늘진 곳에 세워야 해요. 바닥에는 널빤지를 깔지 않는데, 땅속 생물들이 먹이를 먹고 '일을 하기' 위해 자유로이 드나들게 하려는 거예요.

첫 번째 칸에는 정원에서 나온 부스러기와 음식 찌꺼기를 모아요. 과일 찌꺼기, 달걀 껍질, 커피 찌꺼기, 새의 깃털, 낙엽, 부러진 나뭇가지 같이 동물성이든 식물성이든 가리지 마세요.

두 번째 칸은 세내로 된 두엄이 만들어지는 곳이에요. 우선 첫 번째 칸에 모인 찌꺼기를 잘 뒤섞은 뒤 석회, 돌가루, 점토 같은 무기질을 넣고 1미터쯤 되게 얼기설기 쌓아 올려요. 두엄 더미 가운데에는 공기가 더 잘 통하게 나뭇가지를 몇 개 꽂아 주세요. 산소가 들어가야 두엄이 골고루 잘 삭아요. 맨 위에는 흙을 덮어 주세요. 박테리아가 일을 할 때 나는 열 때문에 두엄 속은 높게는 섭씨 70도까지 온도가 올라가요. 그러면 두엄 속이나 위에 얹은 흙에 있는 풀씨도 모두 말라 버려요. 그래서 두엄을 채소밭에 쓰면 잡초도 별로 많이 자라지 않아요.

그로부터 두세 달이 지나면 두 번째 칸에서 세 번째 칸으로 두엄을 옮겨요. 이 때 위에 있던 것이 아래로 가고, 아래에 있던 것이 위로 올라오기 때문에 빨간색 지렁이랑 벌레들을 많이 볼 수 있을 거예요. 맨 처음 찌꺼기를 모으기 시작한 때부터 1년쯤 지나면 두엄이 비로소 완성되지요.

두엄은 짙은 갈색의 부드러운 부식토로 이루어져 있어요. 채소밭에서 자라는 식물들이 필요로 하는 영양분을 잔뜩 머금고 있지요. 상추, 무, 고추, 오이, 가지는 이 양분을 빨아들여서 무럭무럭 자란답니다. 그

널빤지를 떼어낼 수 있게 만든 두엄 상자. 널빤지 사이사이에는 작은 나무토막을 끼워서 간격이 생기게 해 주세요. 그래야 두엄 더미에 공기가 잘 통해요.

리고 나중에 이 채소들 역시 시들면 부식토의 일부가 되지요.

부식토를 만들어 쓰면 따로 화학 비료를 줄 필요가 없어요. 식물이
필요로 하는 무기질이 그 안에 다 들어 있기 때문이죠. 또 자연 그대로
의 건강한 땅에서 자라는 식물은 화학 비료를 주어 가꾼 식물보다 훨씬
더 병에 걸리지 않고 해충에도 끄떡 없어요.

요즘에는 늪에서 캐 온 이탄을 집 텃밭에 주려는 사람들도 있어요. 하지만 그건 완전히 잘못된 생각이에요. 이탄은 습지 바다에 쌓인 흙덩이 같은 것인데, 자기 집 정원에 묻으려고 함부로 퍼오는 것은 이기적인 행동이랍니다. 그렇지 않아도 자꾸만 파괴되어 가는 습지 바닥에서 귀한 이탄을 퍼 오면 늪이 어떻게 되겠어요? 습지는 멸종 위기에 처한 동물들이 마지막으로 택한 피난처에요.

끈끈이주걱 밥 주기

습지가 사라지면 개개비, 황새, 노랑부리저어새 같은 동물들도 살아남을 수 없고 동물을 잡아먹는 끈끈이주걱 같은 희귀 식물도 영영 사라지고 말아요. 그러니, 절대로 이탄을 캐 와서는 안 돼요. 정원이나 뜰에 습지를 만들고 싶다면 다른 방법이 있어요. 연못을 만드는 거예요. 일단 연못을 만들기만 하면 잠자리와 개구리가 알아서 찾아올 거예요. 연못은 어떻게 만드는 건지, 더 풍성하고 자연스러운 연못을 가꾸는 방법은 무엇인지 알아보려면 『신나는 늪 탐험』을 읽어 보세요!